ISO 9001:2015/
ISO 14001:2015
統合マネジメントシステム構築ガイド

飛永　隆　著

日本規格協会

まえがき

筆者は10年以上，ISOの審査を行ってきましたが，ここ数年はISO 9001とISO 14001の複合審査が増えてきたことを実感します．複合審査とは，複数のマネジメントシステム規格に対して，同一の審査において，有効性を含む適合性を確認する審査のことです．例えば，ISO 9001やISO 14001に対して，1回の審査において，審査することをQ･E複合審査と呼びます．一方，ISO 9001のみ，若しくはISO 14001のみの単独規格に対して審査することを単独審査と呼びます．

複合審査の増えてきた理由は，受審組織にとって，ISO 9001単独，ISO 14001単独で受審するよりも，Q･E複合審査を1回で済ませるほうが組織にとって楽であり，また，受審費用も多少なりとも安くなるからでしょう．受審組織の気持ちはよくわかります．

複合審査は，複数のマネジメントシステムを統合することを求めているのではありません．それぞれのマネジメントシステムに対して，個別の仕組み，又は統合した仕組みとするかについては組織の裁量です．

したがって，Q･E複合審査を行う場合には，Q･E統合マニュアルで審査を行う場合もあれば，QMSマニュアルとEMSマニュアルのそれぞれに基づいて審査を行う場合もあります．

ただし，QMSとEMSを統合したほうが，目標管理や運用面を含めた相乗効果が期待できます．そのため，QMSとEMSの統合，及び単独審査から複合審査への移行が多くなってきています．

しかしながら，複合審査を通じて，次のようなことも感じています．

QMSは仕事そのものだから，組織はそれなりに運用及び活動しています．しかしながら，EMSは一種のQMSの添え物のような扱いで，形骸化を感じるケースが多くあります．かえって，ISO 14001を単独で受審する組織のほうが，運用及び活動の活性化を感じるときもあります．

2015年に改訂されたISO 9001やISO 14001では“事業ビジネスとの統合”を求めています．ビジネスとマネジメントシステムとの統合です．

本書では，これまでのISO審査（特に，Q･E複合審査）を通じて感じたことを含めて，ISO 9001:2015，ISO 14001:2015の規格に基づいたQ･E統合マネジメントシステム，さらに，可能な範囲で経営システムとの統合をどのように構築していくかを述べます．

本書の対象とする読者は，ISO 9001:2015やISO 14001:2015の要求事項を多少なりとも理解されている方で，経営者，ISO事務局，ISO管理責任者相当（2015年版では，管理責任者の任命は求めていません），内部監査員の方々です．具体的には，2015年版で，（可能な限り）経営システムも含めたQMSとEMSの統合マネジメントシステムの構築・運用を検討・推進される方を対象としています．

審査の中で，組織から“ISOは言葉が難しい”とよくいわれます．“環境側面”だとか，“プロセスアプローチ”だとか，普段使わない単語が出てきます．また，審査員は得てして，難しい言い回しを好みます（?）．

筆者は一貫して，平易な表現，組織にとって理解しやすい言葉を用いて審査を行ってきました．本書においても，極力平易な表現を用いて説明します．

本書が，組織のQ･E統合マネジメントシステムの構築・運用に役立つことを期待しています．

2017年7月

飛永　隆

目　　次

まえがき

第1章　マネジメントシステムとそのあり方
——経営システムと ISO 9001・ISO 14001

1.1　ISO 9001:2015 と ISO 14001:2015 の構成 …… 9
1.2　2015 年改訂の大きなポイント …… 11
　1.2.1　QMS・EMS 共通として …… 11
　1.2.2　QMS 独自として …… 16
　1.2.3　EMS 独自として …… 18

第2章　ISO 9001・ISO 14001・経営のシステム統合

4　組織の状況 …… 23
　4.1　組織及びその状況の理解 …… 23
　4.2　利害関係者のニーズ及び期待の理解 …… 25
　4.3　品質マネジメントシステムの適用範囲の決定 …… 27
　4.3　環境マネジメントシステムの適用範囲の決定 …… 27
　4.4　品質マネジメントシステム及びそのプロセス …… 30
　4.4　環境マネジメントシステム …… 30
5　リーダーシップ …… 32
　5.1　リーダーシップ及びコミットメント …… 32
　5.2　方針 …… 35
　5.3　組織の役割，責任及び権限 …… 39

6　計画 ………… 42
6.1　リスク及び機会への取組み ………… 42
6.2　品質目標及びそれを達成するための計画策定 ………… 52
6.2　環境目標及びそれを達成するための計画策定 ………… 52
6.3　変更の計画 ………… 56
7　支援 ………… 58
7.1　資源 ………… 58
7.2　力量 ………… 65
7.3　認識 ………… 69
7.4　コミュニケーション ………… 70
7.5　文書化した情報 ………… 74
8　運用 ………… 80
8.1（Q）　運用の計画及び管理 ………… 80
8.2（Q）　製品及びサービスに関する要求事項 ………… 83
8.3　製品及びサービスの設計・開発 ………… 89
8.4　外部から提供されるプロセス，製品及びサービスの管理 ………… 97
8.5　製造及びサービス提供の管理 ………… 103
8.6　製品及びサービスのリリース ………… 112
8.7　不適合なアウトプットの管理 ………… 114
8.1（E）　運用の計画及び管理 ………… 116
8.2（E）　緊急事態への準備及び対応 ………… 122
9　パフォーマンス評価 ………… 124
9.1　監視，測定，分析及び評価 ………… 124
9.2　内部監査 ………… 133
9.3　マネジメントレビュー ………… 140
10　改善 ………… 146
10.1　一般 ………… 146
10.2　不適合及び是正処置 ………… 147

10.3　継続的改善 …… 152

第3章　統合マネジメントシステムの維持・改善―内部監査

3.1　内部監査の活用 …… 155
3.2　内部監査の進め方 …… 157

第4章　統合マネジメントシステムの認証

4.1　統合マニュアルの作成上の留意点 …… 161
4.2　JSAの複合審査 …… 162

索引・キーワード …… 165
著者略歴 …… 167

第1章　マネジメントシステムとそのあり方
——経営システムとISO 9001・ISO 14001

1.1　ISO 9001:2015とISO 14001:2015の構成

ISO 9001:2015とISO 14001:2015の構成は，次の表1.1のようになっています．表の左の欄がISO 9001:2015，右の欄がISO 14001:2015の要求事項の箇条です．右の欄に“同左”と記したのは，ISO 9001:2015の箇条の番号と表題が同じであることを意味します．また，“同左［環境］”とある場合は，左の欄の“品質”を“環境”に読み替えてください．

構成がどのようになっているか，一読してみましょう．

表1.1　ISO 9001:2015とISO 14001:2015の構成の比較

ISO 9001:2015の箇条	ISO 14001:2015の箇条
1　適用範囲	同左
2　引用規格	同左
3　用語及び定義	同左
4　組織の状況	同左
4.1　組織及びその状況の理解	同左
4.2　利害関係者のニーズ及び期待の理解	同左
4.3　品質マネジメントシステムの適用範囲の決定	同左［環境］
4.4　品質マネジメントシステム及びそのプロセス	4.4　環境マネジメントシステム
5　リーダーシップ	同左
5.1　リーダーシップ及びコミットメント	同左

表 1.1　（続き）

ISO 9001:2015 の箇条	ISO 14001:2015 の箇条
5.2　方針	5.2　環境方針
5.3　組織の役割，責任及び権限	同左
6　計画	同左
6.1　リスク及び機会への取組み	同左
6.2　品質目標及びそれを達成するための計画策定	同左［環境］
6.3　変更の計画	—
7　支援	同左
7.1　資源	同左
7.2　力量	同左
7.3　認識	同左
7.4　コミュニケーション	同左
7.5　文書化した情報	同左
8　運用	同左
8.1　運用の計画及び管理	同左
8.2　製品及びサービスに関する要求事項	8.2　緊急事態への準備及び対応
8.3　製品及びサービスの設計・開発	—
8.4　外部から提供されるプロセス，製品及びサービスの管理	—
8.5　製造及びサービス提供	—
8.6　製品及びサービスのリリース	—
8.7　不適合なアウトプットの管理	—
9　パフォーマンス評価	同左
9.1　監視，測定，分析及び評価	同左
9.2　内部監査	同左
9.3　マネジメントレビュー	同左
10　改善	同左
10.1　一般	同左
10.2　不適合及び是正処置	同左
10.3　継続的改善	同左

いかがですか．箇条の番号も表題も概ね統一されています．なお，規格本文も共通部分は統一されています．

これは，ISOマネジメントシステム規格を理解しやすくするために設置した“マネジメントシステム規格に関する合同技術調整グループ（the Joint Technical Coordinating Group：JTCG）”という部会で，ISOマネジメントシステム規格のための共通フレーム（枠組み）を設けたことによります．

ここでのコンセプトは，次の四つの事項を共通化することにあります．

① 共通の箇条の表題

② 共通の箇条の表題の記載順序

③ 共通のテキスト（要求事項などの規格本文）

④ 共通の用語の定義

この内容は，“ISO/IEC専門業務用指針，第1部 総合版ISO補足指針―ISO専用手順（第8版，2017）”の附属書SL“Appendix 2（規定）上位構造，共通の中核となるテキスト，共通用語及び中核となる定義”として公表されています．これをもとに品質は品質独自，環境は環境独自の要求事項が付加されています．

同指針は，次のURLから閲覧できます（2017年7月現在）．

http://www.jsa.or.jp/itn/service/shiryo/shiryo-1.html（英和対訳）

https://www.iso.org/directives-and-policies.html（英文）

1.2　2015年改訂の大きなポイント

1.2.1　QMS・EMS共通として

(1)　事業プロセスとISOの統合

2015年改訂の大きな変化点はいくつもありますが，最初に紹介したいのは次の要求事項です．

ISO 9001:2015の“5.1.1 一般”のb)［及びISO 14001:2015の“5.1 リーダーシップ及びコミットメント”のb)］は，次のような主旨です．

“組織のトップマネジメントは，品質［環境］方針及び品質［環境］目標を設定する際には，それらが組織の状況や本業の戦略的な方向性と両立させなさい”

いわゆる，“本業に関与する方針・目標を立てて活動及び運用すること”を要求しています．また，同じ 5.1.1［5.1］の c)では，

“組織のトップマネジメントは，組織の本業と品質マネジメントシステム及び環境マネジメントシステムの統合を図ること”

という主旨で，事業（組織のビジネスそのもの）と ISO の一体化を図ることを要求しています．

一部には，“ISO は ISO，ビジネスはビジネス”という考え方をもっている組織もあります．“パスポート（登録証）さえあればよい”という考え方です．

それはそれで否定しません．ビジネス上，“パスポート”が必要不可欠であり，その継続維持がまず先にある組織もあります．筆者としては，“せっかく登録されているのであれば，少しでもビジネスに役に立つマネジメントシステムをどう運用していくか”という議論を行います．

2015 年版の規格では，“本業と ISO を切り離さないで考えてほしい”“可能な限り，本業の仕組みと関連付ける方向で，マネジメントシステムを構築・運用してほしい”という意図があります．

この意図は以前からありました．しかしながら，今回，2015 年版の規格の要求事項として，明確に要求されました．これは大きな変化点です．

あるメーカーを審査したときのことを例に説明します．営業部門の品質目標は“仕様書記載ミス○件以下”でした．確かに間違いのない，正確な仕様書作成は営業の主要な仕事ですが，その組織の社長に話を聞いてみると，“生産設備の稼働率に余裕がある．もっと仕事がほしい．営業は新規顧客及び新規商品開拓に注力してほしい”と望んでいました．それを受けて筆者は，“新規顧客及び新規商品開拓を営業の品質目標に設定するのも一策ですね”と述べたところ，その社長は，“えっ？　そのテーマが品質目標でよいのですか”と驚いた様子でした．

何か“品質目標”というと，狭義の品質，例えば，クレーム低減，良品率向上，仕様書作成ミス 0（ゼロ）を考える組織がありますが，広義にとらえること，いわゆる，本業の観点から考えることを意図しています．

(2)　リスクと機会

新たなキーワードとして，“リスク”と“機会”が ISO 9001:2015，ISO 14001:2015 それぞれの要求事項に追加されました．

“リスク”は“不確かさの影響”と定義されていますが，定義の注記を参考に“好ましい方向又は好ましくない方向に乖離（かいり）すること”ととらえると理解しやすく，さらに，ISO 9000:2015 の“3.7.9 リスク”の注記を参考に，“好ましくない方向に乖離すること”と考えたほうが，要求事項との整合性がとりやすいかもしれません．

例えば，“最新の生産設備を導入したが，今後の受注見通しだと投資回収できないリスクがある”に使われる“リスク”と考えたほうが自然です．

さて，“機会”については，日本語の“チャンス”が一番近いイメージではないでしょうか．野球で例えると，“9 回裏，3 点差でツーアウト満塁，バッターボックスにはチームが誇る 4 番打者，これは最高のチャンスだ”，こういう意味の“チャンス”と考えてください．

組織にとって，対応する必要があるリスク及び機会を決定し，どのように対応するか決めることを規格では要求しています．

その決定フローについては，まず，“4.1 組織及びその状況の理解”があります．要約すると，“組織の本業（目的や戦略的な方向性）に関連し，品質及び環境にかかわる外部及び内部の課題を明確にすること”を要求しています．組織にとって，非常に大きな課題です．

例えば，設備の老朽化やベテラン従業員の退職，電力・重油の値上がりなど，組織にとって外部及び内部の課題は多々あり，屁理屈をつけると，すべての課題は品質及び環境につながります．

次に，“4.2 利害関係者のニーズ及び期待の理解”は，要約すると，“品質及び環境に関連する利害関係者（例えば，顧客や購買先，近隣住民，官公庁）はだれかを明確にし，その利害関係者が我われに何を要求しているのか，若しくは期待しているのかを明確にすること”を要求しています．

以上の外部及び内部の課題と利害関係者の要求，若しくは期待を明確にし，“6.1.1”［“6.1.1 一般”］につながっていきます．6.1.1 では，外部及び内部の課題と利害関係者の要求，若しくは期待から，どのようなリスク又は機会があるかを明確にし，どのように対応するか決定することを要求しています．

このような一連のことは，経営の中で当然ながら明確にし，対応されています．例えば，経営会議，役員会，戦略会議で，“いま組織が置かれている状況や解決すべき課題は何か”“どのようなリスク又はチャンスがあるのか”などが議論され，対応を決議・フォローされているはずです．

4.1，4.2，6.1.1 は，多くの組織において，経営の仕組みの中で明確にされている内容であり，新たな仕組みの構築は不要ではないでしょうか．

このように，本業（経営）と ISO を一体として考え，マネジメントシステムを構築し，運用及び活動することを規格は要求しています．

参考までに，文書化に関する要求事項は，ISO 9001:2015 と ISO 14001:2015 とでは異なります．ISO 9001:2015 では，取り組む必要があるリスク及び機会を決定することを要求していますが，文書化は要求していません．一方，ISO 14001:2015 では，取り組む必要があるリスク及び機会の文書化を要求しています．この違いは大きいと思います．やはり，環境マネジメントシステム（以下，“EMS”と呼びます）の根本は“リスク管理”です．

したがって，リスク管理の重要性は，品質マネジメントシステム（以下，“QMS”と呼びます）に比べて高く，文書化まで求めています．

また，ISO 9001:2015 と ISO 14001:2015 では，旧規格の“予防処置”の要求事項がなくなっています．これは，予防処置がリスク管理に含まれるという考え方によるものです．

(3)　マニュアルと管理責任者

ISO 9001:2008では，マニュアルの作成と管理責任者の任命を要求していました．また，ISO 14001:2004の4.4.1（資源，役割，責任及び権限）では，管理責任者の任命を要求し，4.4.4（文書類）のc)では，暗にマニュアルの作成を要求していました．しかしながら，ISO 9001:2015とISO 14001:2015では，マニュアルの作成も管理責任者の任命も要求していません．そうであっても，筆者が出会ったすべての組織では，マニュアルの作成及び管理責任者の任命を行っています．そのほうが，運用が楽だからではないでしょうか．

マニュアルを作成することで，組織内で共通の認識を得ることができます．また，ISO 9001:2015，ISO 14001:2015の“5.3組織の役割，責任及び権限”では，従来の管理責任者が果たすべき役割に対して，責任と権限を割り当てることを要求していますが，従来どおり，管理責任者を任命したほうがわかりやすく，シンプルです．

さて，マニュアルについて，どのようにQ･E統合マニュアルを作成しますか．

それには，まず，マニュアルの内容の濃淡をどうするかがあります．

①　必要最小限のプロセスを記載し，詳細なプロセスは規定・手順書類を引用する．

②　マニュアルに詳細，かつ，全プロセスを記載する．

どちらかというと，大企業に①が多く，小規模組織は②一本で運用されている例が多いようです．多くの組織は，①と②の中間ではないでしょうか．

マニュアルの構成については，

①　規格の構成に沿って作成する方法

②　業務フローに沿って作成する方法

の2通りがあります．これもいままでの経験から，①の規格の構成に沿って作成する組織が大半です．マニュアルの作成や関係者への説明や適宜見直す際は，構成に沿ったほうがやりやすいことがあります．本書も規格の構成に沿って説明します．

蛇足ではありますが，規格の文言をそのまま使う必要はありません．組織内で通用する文言を使用してかまいません．例えば，ISO 9001:2015に“7.1.4 プロセスの運用に関する環境”とありますが，これはISO 9001:2008の6.4（作業環境）を指します．“作業環境”という文言が組織内に定着していれば，そのまま使ってかまいません．また，ISO 9001:2015とISO 14001:2015で使われている，

“文書化した情報を維持する”を従来どおり，“文書”

“文書化した情報を保持する”を従来どおり，“記録”

とすることも自由です．

(4)　パフォーマンスの重視

パフォーマンスを日本語に訳すと“成果”が近いでしょう．

ISO 9001:2015とISO 14001:2015では，パフォーマンスという文言がいたるところに出てきます．その理由は，“成果を重視している”と考えてください．品質にしろ，環境にしろ，やはり，成果を出すことをトップマネジメントは期待しています．

1.2.2　QMS独自として

(1)　適用除外

ISO 9001:2008の1.2（適用）には，“適用不可能な場合には，その要求事項の除外を考慮することができる”“除外できる要求事項は箇条7に規定する要求事項に限定される”（抜粋）とあります．そのため，“顧客支給の図面に基づいて加工・組立を行っており，設計・開発機能はない”という理由で7.3（設計・開発）を適用から除外している組織が相応にありました．

ISO 9001:2015では，“要求事項の適用の除外”という文言はなくなりましたが，“4.3 品質マネジメントシステムの適用範囲の決定”では，“この規格の要求事項が適用可能ならば，組織は，これらを全て適用しなければならない”（抜粋）とあります．これが原則です．

一方，同じ4.3に“組織が自らの品質マネジメントシステムの適用範囲への適用が不可能であることを決定したこの規格の要求事項全てについて，その正当性を示さなければならない”ともあります．逆にいうと，すべての要求事項の中で正当性を示すことができれば，どの要求事項も適用不可能とすることができます．しかし，前述のとおり，原則はすべての要求事項を適用することです．

顧客からの支給図面に基づいて加工・組立を行うための設計・開発機能がないという理由で，ISO 9001:2015の“8.3 製品及びサービスの設計・開発”を適用不可能とすることも選択肢の一つですが，顧客から図面を預かり，本加工する前に，“どのような順序・手順で加工・組立をするのか（工程設計)”“試し加工をどうするのか”など，そのような工程設計などのプロセスを8.3で定めて，運用するのも一策です．要求事項をうまく活用してください．

(2)　手順とプロセス

ISO 9001:2008の要求事項では，“…の手順を確立し，実施し，維持しなければならい”というような文言が数多くありました．そのうち，“文書化された手順を確立しなければならない”という要求事項が次の6か所ありました．

4.2.3　文書管理

4.2.4　記録の管理

8.2.2　内部監査

8.3　不適合製品の管理

8.5.2　是正処置

8.5.3　予防処置

ISO 9001:2015では，“手順”から“プロセス”に置き換わっています．“必要なプロセスを確立又は計画し，実施し，維持しなければならない”という要求事項です（ISO 14001:2015もほぼ同様の主旨です)．

さて，手順とプロセスとでは何が違うのでしょうか．ここでは素直に，手順はプロセスの一部であると考えたほうが自然です．

例えば，精密加工というプロセスで考えます．“このプロセスを確立又は計画する場合には，必要なインプット（原材料，図面ほか）は何か，精密加工に必要な加工機は何か，それをどう管理すればよいか，必要なユーティリティは何か，作業員に必要な力量は何か，加工手順・基準は何か，その精密加工がうまくいっているか否かは何をもって監視しているのか，アウトプットは何か，それは適切か”ということが“プロセスを確立又は計画する”に該当します．

(3)　変更管理

ISO 9001:2008では，変更管理は要求事項の各箇条に含まれていましたが，ISO 9001:2015では，独立した要求事項の箇条として扱われています．

例えば，次の変更に関する独立した要求事項があります．

6.3　変更の計画

8.2.4　製品及びサービスに関する要求事項の変更

8.3.6　設計・開発の変更

8.5.6　変更の管理

これは，ISO 9001:2015では，リスク管理が要求されており，何かを変更する場合には，何らかのリスクが生じる可能性があるため，あえて独立した要求事項として設けられています．

1.2.3　EMS独自として

(1)　環境保護

ISO 14001:2015の“5.2 環境方針”にc)として，“環境保護に対するコミットメントを含む”という要求事項が追加されました．

環境方針において，汚染の予防のみならず，組織の状況に特有の環境保護に関して，コミットメントすることまで拡大されました．

規格は，環境保護に対するコミットメントには，持続可能な資源の利用，気候変動の緩和と適応，生物多様性及び生態系の保護，又は関連する他の環境課題を含みうるということに触れています．

(2)　ライフサイクル

ISO 14001:2015 の“8.1 運用の計画及び管理”の a)～d)では，製品及びサービスの設計，調達，使用，廃棄に至るライフサイクルの観点からの管理を要求しています．

ただし，このことは，ライフサイクルアセスメント（LCA）を行うことを要求しているわけではないことに留意してください．

第2章　ISO 9001・ISO 14001・経営のシステム統合

本章では，規格の箇条4から順次，次の(1)～(5)の構成と内容で説明します．箇条1～箇条3については，規格を一読すれば理解できる内容であると判断し，解説を割愛しました．

(1)　ISO 9001:2015 要求事項のポイントとその意図

ISO 9001:2015 の要求事項の概要を記します．なお，ISO 9001:2015 などで使われる“shall”を JIS では，JIS Z 8301（規格票の様式及び作成方法）の附属書Hに従って，“～しなければならない”と訳していますが，本書では，同じ意味で定義されている“～する”という表現を用います．また，ISO 14001:2015 も同様です．

■規格の意図の解説

当該規格の意図を解説します．

(2)　ISO 14001:2015 要求事項のポイントとその意図

ISO 14001:2015 の要求事項の概要を記します．

■規格の意図の解説

当該規格の意図を解説します．

(3)　QMS・EMS の統合について

QMS と EMS の統合，さらに可能な限り，経営システムの統合に関して考察し，提案します．

(4)　Q・E 統合マネジメントシステムの事例

ISO 審査などを通じて，Q・E 統合マネジメントシステムの事例を紹介します．

(5)　マニュアル等への記述事例

Q・E統合マネジメントシステムのマニュアルなどへの記述事例を記します．

なお，ここでは主たる例にとどめています．したがって，組織独自のプロセスは，必要に応じて検討し，5W1H で追記してください．

また，本章の一部でも，品質マネジメントシステムを“QMS”，環境マネジメントシステムを“EMS”と呼ぶことにします．また，品質や ISO 9001，環境や ISO 14001 の違いを示すのに，単にそれぞれ“Q”，“E”を用いて記します．

4　組織の状況

4.1　組織及びその状況の理解　　ISO 9001:2015/ISO 14001:2015

(1)　ISO 9001:2015 要求事項のポイントとその意図

1)　組織の目的及び戦略的な方向性に関連し，品質マネジメントシステムの意図した結果を達成する組織の能力に影響を与える，外部及び内部の課題を明確にする．
2)　外部及び内部の課題に関する情報を監視し，レビューする．

■規格の意図の解説

"QMS の意図した結果" とは，提供する製品及びサービスが顧客要求事項，並びに関連法令などを満たし，顧客満足を維持することを指します．

一言でいうと，QMS に関連する組織の外部及び内部の課題を明確にし，レビューすることを要求しています．この外部及び内部の課題からリスク及び機会を特定し，活動又は運用を展開します．

(2)　ISO 14001:2015 要求事項のポイントとその意図

上記(1)と同様のことを要求しています．QMS を EMS に読み替えてください．

なお，"EMS の意図した結果" とは，環境パフォーマンスの向上，関連法令の順守，環境目標の達成を指しています．

(3)　QMS・EMS の統合について

組織にとって，品質や環境に関する課題と切り分けなくても，組織の本業の課題は，経営会議，役員会，戦略会議などで議論されているはずです．そして，その本業の課題は，品質面や環境面に何らかの影響を及ぼしています．外部及び内部の課題事例として，次のような事例が想定されます.

【QMS】

ベテラン従業員の退職，設備の老朽化，優秀な人材（技術・管理）不足など

【EMS】

天然資源（例：レアメタル）の枯渇，電気・燃料費の高騰，設備の老朽化など

この要求事項を整理すると，

- 組織の外部及び内部の課題の明確化であり，主にトップマネジメントを含めた経営層に確認する内容です.
- SWOT などの分析手法を要求していません.
- また，外部及び内部の文書化（記録）も求めていません.

したがって，既存の経営システム（経営会議など）を適用したほうが自然です．また，文書化（記録）は求めていませんが，経営会議などは，必ず議事録を残しますので，それを記録と位置付けることもできます.

(4)　Q･E 統合マネジメントシステムの事例

経営会議や幹部会などで，組織の外部及び内部の課題が報告・審議され，その結果を議事録に残している組織がありました.

なお，“外部及び内部の課題”という明確な記録がなくても，この内容が自組織の課題であると経営層が認識していることで了としている組織もあります.

(5)　マニュアル等への記述事例

> 当組織は，毎月1回開催する経営会議において，品質・環境にかかわる課題を含め，組織の外部及び内部の課題を明確にする（その結果は，必要に応じて経営会議議事録に記録する）.

4.2　利害関係者のニーズ及び期待の理解　ISO 9001:2015/ISO 14001:2015

(1)　ISO 9001:2015 要求事項のポイントとその意図

> 1)　品質マネジメントシステムの意図した結果を達成するために，次の事項を明確にする．
>   a)　品質マネジメントシステムに密接に関連する利害関係者
>   b)　利害関係者の要求事項
> 2)　利害関係者の要求事項に関する情報を監視し，レビューする．

■規格の意図の解説

利害関係者（顧客，供給者など）は数多く存在します．そのうち，“密接に関連する利害関係者”とは，要請，若しくは要望などがあった場合，それを無視できない利害関係者であると考えてください．

組織にとって，大事な利害関係者はどこでしょう，そこは自分の組織に何を要求（ニーズ及び期待）しているのでしょうか，これらを明確にし，その情報を監視，レビューすることを組織は要求しています．

この“利害関係者の要求事項”も次のリスクと機会へつながっていきます．

(2)　ISO 14001:2015 要求事項のポイントとその意図

上記(1)とほぼ同様のことを要求しています．QMS を EMS に読み替えてください．細かい点を述べると，上記(1)の 2)は要求していません．EMS は(1)の 1)に加えて，次の事項もあわせて要求しています．

> c)　要求事項（ニーズ及び期待）のうち，組織の順守義務となるものは何かを決定する．

■規格の意図の解説

環境側面にかかわる順守義務（守らなければならない法令など）は“6.1.3 順守義務”で要求しています．これは後述します．ここでは，利害関係者からの要求事項で順守しなければならないと決めたことを指します．例えば，“電力供給不足が懸念されるため，ピーク電力○ kW を順守してほしい”という電力会社からの要請があり，それに同意した場合には，順守義務が発生します．

(3)　QMS・EMS の統合について

順守義務を含めた利害関係者の要求事項（ニーズ及び期待）は，組織にとって，4.1 と同様に，経営会議や役員会，戦略会議などで議論されているはずです．そして，その要求事項は，品質や環境に何らかの影響を及ぼします．

利害関係者の要求事項（ニーズ及び期待）については，次のような例が想定されます．

【QMS】

“顧客の海外工場の近くに工場を新設してほしい”という顧客からの要求事項

【EMS】

顧客からの含有不純物自主基準の順守，近隣住民からの騒音規制

この要求事項を整理すると，

① “組織の利害関係者はだれか，その利害関係者は何を要求（ニーズ及び期待）しているのか”を明確化にすることであり，4.1 と同様に，主にトップマネジメントを含めた経営層に確認する内容です．

② また，以上の結果の文書化（記録）は求めていません．

したがって，既存の経営システム（経営会議など）を適用したほうが自然だと感じます．また，文書化（記録）は求めていませんが，経営会議などでは，必ず議事録を残しますので，それを記録と位置付けることもできます．

(4)　Q・E 統合マネジメントシステムの事例

経営会議や幹部会，営業会議などで，組織の利害関係者からのニーズ及び期待（順守義務を含む）が報告・審議され，その結果を議事録に残している組織がありました．

(5)　マニュアル等への記述事例

> 当組織は，毎月1回開催する経営会議において，密接な利害関係者からの順守義務を含めた要求事項（ニーズ及び期待）を明確にする．また，その情報を当会議でレビューする．その内容は，経営会議議事録に記録する．

4.3　品質マネジメントシステムの適用範囲の決定　ISO 9001:2015
4.3　環境マネジメントシステムの適用範囲の決定　ISO 14001:2015

(1)　ISO 9001:2015 要求事項のポイントとその意図

1)　適用範囲（製品及びサービス，プロセス，組織，所在地など）を決めるにあたり，次の事項を考慮する．
   a)　4.1 の外部及び内部の課題
   b)　4.2 の密接に関連する利害関係者の要求事項
   c)　組織の製品及びサービス
2)　規格の要求事項はすべて適用が原則であるが，適用不可能な要求事項がある場合にはその正当性を示す．
3)　適用範囲は文書化する．

■規格の意図の解説

4.1の外部及び内部の課題を考慮して，適用範囲を決めるということは，例えば，内部の課題として，優秀な人材（技術者，管理者）の不足があれば人を採用する，又は全社的な教育訓練を推進する人事・総務部門を適用範囲に含めることを要求しています．

上記2)については，本書の1.2.2項(1)（16ページ）で述べたとおり，すべて適用してほしいというのが規格の意図です．適用不可能な要求事項がある場合には，正当性を示すことを要求しています．

(2)　ISO 14001:2015 要求事項のポイントとその意図

概ね，上記(1)と同様のことを要求しています．

1)　適用範囲を決めるにあたり，次の事項を考慮する．
  - a)　4.1の外部及び内部の課題
  - b)　4.2の順守義務
  - c)　組織の単位，機能及び物理的境界
  - d)　組織の活動，製品及びサービス
  - e)　管理し影響を及ぼす，組織の権限及び能力

2)　適用範囲は文書化する．これに加え，利害関係者が入手可能とする．

■規格の意図の解説

QMSとほぼ同じ要求事項ですが，EMSの適用範囲の場合，環境側面の関係から，適用されるサイト（“場所”を意味します．例：○○工場）の決定が必要となります．

(3)　QMS・EMSの統合について

外部及び内部の課題，利害関係者のニーズ及び期待があらかじめ，わかっていれば，それを担当する部署や機能，サイトをあらかじめ適用範囲に含めてお

くことが必要です．このことを考慮して，適用範囲には次の事項を定めます．

・機　能：○○製品の設計・開発及び製造

・サイト：本社，○○工場，○○支店

・要　員：社員，常駐の外部委託会社

・適用不可能な要求事項：

（例）　ISO 9001:2015“8.3 製品及びサービスの設計・開発”

適用不可能な理由：……

適用範囲を明確にして，マニュアルやウェブサイト（利害関係者が入手可能）に掲示します．

外部及び内部の課題や利害関係者のニーズなどをどこまで考慮して，適用範囲を定めるかが，経営システムとの統合につながります．

(4)　Q･E 統合マネジメントシステムの事例

審査費用や審査工数が増えるため，地方の営業所を適用範囲から外している組織もありました．どこまで適用範囲に含めるかは組織の自由裁量ですが，この要求事項をもとに，今後は，適用範囲に関して，深い議論をすることができます．

(5)　マニュアル等への記述事例

> 当組織の QMS 及び EMS の適用範囲を次のように定めて，ウェブサイトで公開する．
>
> a)　機　能：○○製品の設計・開発及び製造
>
> b)　サイト：本社，○○工場，○○支店
>
> c)　要　員：社員，常駐の外部委託会社
>
> d)　適用不可能な要求事項：
>
> （例）　ISO 9001:2015“8.3 製品及びサービスの設計・開発”
>
> 適用不可能な理由：……

4.4　品質マネジメントシステム及びそのプロセス　ISO 9001:2015

4.4　環境マネジメントシステム　ISO 14001:2015

(1)　ISO 9001:2015 要求事項のポイントとその意図

1)　プロセスアプローチを要求している．すなわち，品質マネジメントシステムに必要なプロセスと，そのインプットとアウトプット並びにこれらのプロセスの順序・相互作用を明確にする．また，プロセスがうまく機能しているか，それを判断する基準及び方法，プロセスに必要な資源，責任及び権限を定める．プロセスの結果を評価し，必要な変更を実施する．

2)　決定したリスク及び機会に取り組む．

3)　プロセス及び品質マネジメントシステムを改善する．

4)　文書化した情報，いわゆる，“文書”を維持する．
　　文書化した情報，いわゆる，“記録”を保持する．

■規格の意図の解説

上記1)と3)は，個別の詳細な実施事項ではなく，“どのような観点でQMSをとらえるか”という全般的な概念を示しています［4.4のa)～e)とg)の要求事項を1)にまとめています］．したがって，個々のプロセス（活動・業務）については，この考え方を適用していくことが4.4の意図です．

2)は，“6.1 リスク及び機会への取組み”で具体的に対応します．

4)は，規格本文をそのまま使う必要はなく，社内で“文書”“記録”が定着しているのであれば，マニュアルの用語の定義に次のように定めます．

・文書：文書化された情報の維持を指す．

・記録：文書化された情報の保持を指す．

この定義も不要という考えも方もありますが，ここまで定めれば十分でしょう．

(2) ISO 14001:2015 要求事項のポイントとその意図

1) 必要なプロセス及びそれらの相互作用を含む，環境マネジメントシステム確立し，実施し，維持する.
2) 4.1 及び 4.2 で得た知識を考慮し，環境マネジメントシステムを確立し，維持する.

■規格の意図の解説

プロセスを構築する際には，QMS と同様に，プロセスアプローチの考え方を用います．例えば，排水処理というプロセスがあれば，設備（排水処理施設），人材・力量（例：水質１種有資格），手順・技術，監視・判断基準（例：水濁法の水質基準），インプット（未処理水）及びアウトプット（処理水）を明確にして，運用します.

(3) QMS・EMS の統合について

QMS も EMS も，プロセスの計画又は構築の考え方の概念全般を要求しています．したがって，QMS と EMS の統合に，どこまで経営システムを統合するかは，個別の要求事項によります.

(4) Q･E 統合マネジメントシステムの事例

4.4 の要求事項に基づく統合事例はありません．個別の要求事項で事例を紹介します.

(5) マニュアル等への記述事例

必要なプロセスを明確にし，プロセスアプローチに基づいたプロセスを構築し，運用する.

5 リーダーシップ

5.1 リーダーシップ及びコミットメント ISO 9001:2015/ISO 14001:2015

ISO 9001:2015 の 5.1 には，“5.1.1 一般”と“5.1.2 顧客重視”の二つの箇条があります．

ISO 14001:2015 では，“5.1 リーダーシップ及びコミットメント”のみですが，内容は ISO 9001:2015 の 5.1.1 とほぼ同様の要求事項です．

(1) ISO 9001:2015 要求事項のポイントとその意図

5.1.1 一般

組織のトップマネジメントに次の事項を求めている． a) 品質マネジメントシステムの有効性（役に立っているか）に説明責任を負う． b) 経営戦略に沿った品質方針・目標を確立する（経営が進める方向性に沿った方針・目標であること）． c) 組織の経営プロセスと品質マネジメントシステム要求事項の統合を図る． d) プロセスアプローチ及びリスクに基づく考え方を促進する． e) 品質マネジメントシステムに必要な資源を提供する． f) 有効な品質マネジメントシステム及び品質マネジメントシステム要求事項を順守する重要性を組織内に伝達する． g) 品質マネジメントシステムの意図した結果を達成する． h) 品質マネジメントシステムに人々を参加させ，指揮し，支援する． i) 改善を促進する． j) 管理層の役割を支援する．

■規格の意図の解説

トップマネジメントに求めるリーダーシップの要求事項です．上記 a)では，トップマネジメントには説明責任があり，QMS の有効性を問われれば，説明する責任があることを示しています．また，b)，c)も重要な要求事項です．“経営は経営，ISO は ISO”と分けるのではなく，経営と ISO の一体化を求めています．それをトップマネジメントが率先して，進めていくことを要求しています．リーダーシップの要求事項は強化されています．

5.1.2 顧客重視

トップマネジメントは，次の事項により，顧客重視を実証する．

a) 顧客要求事項及び関連法令を明確にし，理解し，満たしている．

b) 製品及びサービスの適合並びに顧客満足向上にかかわるリスク及び機会を決定し，取り組む．

c) 顧客満足向上の重視が維持されている．

■規格の意図の解説

上記は，具体的な要求事項でなく，概念的な要求事項ととらえてください．

(2) ISO 14001:2015 要求事項のポイントとその意図

5.1 は上記(1)（ISO 9001:2015 の 5.1.1）の a)～j)とほぼ同様の要求事項です．要求事項のポイントでは，品質を環境に読み替えてください．

なお，ISO 9001:2015 の 5.1.1 の d)は，ISO 14001:2015 の 5.1 にはありません．

■規格の意図の解説

この要求事項の意図は，ISO 9001:2015 と同様です．

(3)　QMS・EMS の統合について

この要求事項は，経営と ISO の統合を意図しています．しかしながら，どこまで経営システムとの統合を図ることができるでしょうか．トップマネジメントの姿勢や思想，リーダーシップにもよります．例えば，次のようなことが考えられます．

・期初に検討する次年度経営計画の中に品質・環境目標を計画する．

・目標管理制度と品質・環境目標の関連付け

・既存の会議体の中での品質・環境の活動及び運用結果などの議論

・内部監査と業務監査の一体化

・安全・品質・環境パトロールの一体化と内部監査の一部という位置付け

など

(4)　Q・E 統合マネジメントシステムの事例

品質・環境目標については，第1章の 1.2.1 項(1)に紹介した，あるメーカーでの審査事例（12 ページ）のように，経営計画に織り込むことや目標管理制度との関係を考えた場合，経営課題に関与した目標の設定が不可欠です．“4.1 組織及びその状況の理解”の外部及び内部の課題，“4.2 利害関係者のニーズ及び期待の理解”の利害関係者の要求事項などから展開される目標でないと意味をなしません．

紙・ゴミ・電気などに関する環境目標では，経営の目標管理と関連付けるのは難しいでしょう．

品質目標だけでなく，環境目標も目標管理制度の目標値として試行されている組織もありました．

(5)　マニュアル等への記述事例

1)　経営層は次の事項に努める．

a)　マネジメントシステムの有効性（役に立っているか）に説明責任を

負う．

b) 経営戦略に沿った方針・目標を確立する（経営が進める方向性に沿った方針・目標であること）．

c) 組織の経営プロセスとマネジメントシステム要求事項の統合を図る．

d) プロセスアプローチ及びリスクに基づく考え方を促進する．

e) マネジメントシステムに必要な資源を提供する．

f) 有効なマネジメントシステム及びマネジメントシステム要求事項を順守する重要性を組織内に伝達する．

g) マネジメントシステムの意図した結果を達成する．

h) マネジメントシステムに人々を参加させ，指揮し，支援する．

i) 改善を促進する．

j) 管理層の役割を支援する．

2) 経営層は次の事項により，顧客重視を実証する．

a) 顧客要求事項及び関連法令を明確にし，理解し，満たしている．

b) 製品及びサービスの適合並びに顧客満足向上にかかわるリスク及び機会を決定し，取り組む．

c) 顧客満足向上の重視が維持されている．

5.2 方針

ISO 9001:2015/ISO 14001:2015

ISO 9001:2015 の 5.2 には，“5.2.1 品質方針の確立”と“5.2.2 品質方針の伝達”の二つの箇条があります．

ISO 14001:2015 では“5.2 環境方針”のみです．この 5.2 は，ISO 9001:2015 の 5.2.1 と 5.2.2 をあわせた要求事項となっています．

(1)　ISO 9001:2015 要求事項のポイントとその意図

5.2.1　品質方針の確立

> トップマネジメントは，次の事項を満たす品質方針を作成し，実施し，適宜必要に応じて見直す.
>
> a)　組織が目指す経営の方向性に沿った方針である.
>
> b)　品質目標設定のための枠組みを表記する.
>
> c)　“適用される要求事項を満たす”旨を方針の中で約束する.
>
> d)　“品質マネジメントシステムの継続的改善を行う”旨を方針の中で約束する.

■規格の意図の解説

上記 a)は，QMS と経営の一体化を意図しています．経営が目指すべき方向性に沿った方針であることを要求しています.

b)は，この後の“6.2.1”に“品質目標は品質方針と整合する”という要求事項が出てきます．方針で“顧客クレームの撲滅を図る”という“枠組み”を定めたら，品質目標として“顧客クレーム○件/月”などの顧客クレーム撲滅にかかわる品質目標を定める必要があります.

ここでの“枠組み”とは，品質目標設定のためのテーマだと考えてください．いまだに審査の中で，スローガン的な方針に出会うことがあります．例えば“当社は顧客満足向上に努めます”というものです.

関連部門が具体的な品質目標設定できるように，“工程内不良低減”“納期順守率向上”など，より具体的な“枠組み”の表明が必要です.

c), d)は，方針の中に，それぞれ“当組織は適用される要求事項を満たす”“QMS の継続的改善を行う”という表明を要求しています.

5.2.2　品質方針の伝達

> 品質方針は，次の事項を満たす必要がある．
> a)　品質方針を文書化する．
> b)　組織内に伝達され，理解され，実行される．
> c)　必要に応じて，密接に関連する利害関係者が入手可能である．

■規格の意図の解説

ここでは，品質方針をどのように伝達するのかという要求事項です．一般的に，品質方針はマニュアル，社内LAN，ポスター，携帯カードなどに文書化され，伝達・理解されています．また，ウェブサイトなどに掲示することで，利害関係者が入手可能となります．一昔前では，例えば，方針のコピーを受付に用意していた組織もありました．

(2)　ISO 14001:2015 要求事項のポイントとその意図

> 1)　定められた適用範囲の中で，次の事項を満たす環境方針をトップマネジメントが作成し，実施し，必要に応じて見直す．
> 　a)　環境影響を含み，組織が目指す経営の方向性に沿った方針である．
> 　b)　環境目標設定のための枠組みを表記する．
> 　c)　“汚染の予防”と“環境保護に対するコミットメント”を方針の中で約束する．
> 　d)　“順守義務を満たす”ことを方針の中で約束する．
> 　e)　“環境マネジメントシステムの継続的改善を行う”旨を方針の中で約束する．
> 2)　環境方針は，文書化し，組織内に伝達し，利害関係者が入手可能とする．

■規格の意図の解説

この要求事項の内容は，ISO 9001:2015とほぼ変わりません．ただし，上記1)のc)の“環境保護に対するコミットメント”が新たな要求事項です．要求事項の注記には，“環境保護に対するその他の固有なコミットメントには，持続可能な資源の利用，気候変動の緩和及び気候変動への適応，並びに生物多様性及び生態系の保護を含み得る”とあります．

環境負荷の低い組織にとっては，何をコミットメントするか悩ましいところです．“持続可能な資源の利用”から，資源ロス削減を促進，エコマテリアル利用の促進，廃棄物の3R推進などが考えられます．

(3) QMS・EMSの統合について

経営とのかかわりという観点からは，“目標設定のための枠組み”の内容がいかに経営の課題と関連付けられているかどうかです．

年度計画を策定する際に，当年度の解決すべき課題を念頭に置き，その課題を“枠組み”として設定することが考えられます．

(4) Q・E統合マネジメントシステムの事例

経営の課題（年度計画の課題）と方針の枠組みを関連付けている組織がありました．したがって，方針は原則として，毎年更新されています．なお，環境方針の“環境保護に対するコミットメント”については，ある建設会社では，“着工前に生態系の調査と保護に努めます”という表明もありました．

(5) マニュアル等への記述事例

品質・環境方針は，事務局がマニュアル及びウェブサイトに文書化する．毎年，マネジメントレビューで品質・環境方針の見直しを行う．当組織の品質・環境方針を次に定める．

1) QMSに適用される要求事項を満たす．

2)　汚染の予防とエコマテリアルの利用促進に努める.
3)　環境関連法令を順守する.
4)　EMS 及び QMS の継続的改善に努める.
5)　次の項目を品質・環境目標に展開し，活動する.
　a)　廃棄物の 3R に努める.
　b)　顧客クレーム再発を撲滅する.
　c)　…

5.3　組織の役割，責任及び権限　ISO 9001:2015/ISO 14001:2015

(1)　ISO 9001:2015 要求事項のポイントとその意図

1)　トップマネジメントは，関連する役割に対して，責任及び権限を割り当て，組織内に伝達し，理解させる.
2)　トップマネジメントは次の事項に対して,責任及び権限を割り当てる.
　a)　品質マネジメントシステムが，この規格の要求事項に適合することを確実にする.
　b)　プロセスが，意図したアウトプットを生み出すことを確実にする.
　c)　品質マネジメントシステムのパフォーマンス及び改善の機会をトップマネジメントに報告する.
　d)　顧客重視を組織内への促進する.
　e)　“完全に整っている状態”（integrity）に維持する.

■規格の意図の解説

上記 1)はごもっともです．しかしながら，中小企業の場合，責任及び権限が明確でないケースも，まま見かけます.

2)の役割は，従来，“管理責任者”が担ってきました．今回の改訂では，管理責任者の任命の要求事項はなくなりました．しかし，a)〜e)の責任者を別々に任命するより，従来どおり，統括的な管理責任者を任命したほうが運用しやすいでしょう．

(2)　ISO 14001:2015 要求事項のポイントとその意図

1)　トップマネジメントは，関連する役割に対して，責任及び権限を割り当て，組織内に伝達する．
2)　トップマネジメントは，次の事項に対して，責任及び権限を割り当てる．
　a)　環境マネジメントシステムが，この規格の要求事項に適合することを確実にする．
　b)　環境マネジメントシステムのパフォーマンスをトップマネジメントに報告する．

■規格の意図の解説

ISO 9001:2015 とほぼ同様の要求事項です．ISO 14001:2015 も管理責任者の任命の要求事項はなくなりましたが，従来どおり，管理責任者を任命したほうが運用しやすいでしょう．

(3)　QMS・EMS の統合について

従来どおり，管理責任者の任命という前提条件で述べると，前述のとおり，2015 年版は経営と ISO の統合を要求しています．経営を理解し，経営にある程度，口をはさめる人が管理責任者としてふさわしいでしょう．

品質保証課長が品質管理責任者，保全課長が環境管理責任者というケースを多く見てきました．課長クラスが悪いということではなく，上述の理由で，2015 年版では，少々荷が重いのではないかと感じています．

(4)　Q・E 統合マネジメントシステムの事例

Q・E 管理責任者は，役員クラスが任命されています．

(5)　マニュアル等への記述事例

1)　各部署の業務分掌並びに役職者などの責任及び権限を○○業務分掌規定に定める（簡単な組織図がマニュアルにあれば，理解しやすい）．
2)　当組織は，常務取締役生産本部長を Q・E 理責任者に任命する．
Q・E 管理責任者の役割，責任及び権限は，次のとおりとする．
a)　…
b)　…

6　計画

6.1　リスク及び機会への取組み　ISO 9001:2015/ISO 14001:2015

EMS にとって，“6 計画”は“1 丁目 1 番地”の要求事項です．

ISO 14001:2015 の 6.1 には，次の四つの箇条があります．

6.1.1　一般

6.1.2　環境側面

6.1.3　順守義務

6.1.4　取組みの計画策定

ISO 9001:2015 では，6.1 は“6.1.1”と“6.1.2”という表題のない，二つの要求事項がありますが，6.1.1 はリスク及び機会の決定，6.1.2 はその取組みの計画策定を要求しています．

（1） ISO 9001:2015 要求事項のポイントとその意図

6.1.1

> 4.1 で決定した外部及び内部の課題と 4.2 で決定した利害関係者の要求事項を考慮し，次の事項のために取り組む必要があるリスク及び機会を決定する．
>
> a） 品質マネジメントシステムが意図した結果を達成する．
>
> b） 望ましい影響を増大する．
>
> c） 望ましくない影響を防止又は低減する．
>
> d） 改善を達成する．

6.1.2

> 次の事項を計画する．
>
> a） 取り組む必要があると決めたリスク及び機会へ，どのように取り組むか
>
> b） 次の事項を行う方法
>
> 1） その取組みの品質マネジメントシステムプロセスへの統合及び実施
>
> 2） その有効性（役に立ったかどうか）の評価

■規格の意図の解説

ここ数年，運送業界では運転手の高齢化，運転手不足の課題があり，このままだと，10 年以内に経営破綻するおそれがあるということをある社長から聞いたことがあります．これはリスクです．逆にいうと，この時期に他社との差別化を図り，大きく飛躍する機会（チャンス）でもあります．

このように，“4.1 組織及びその状況の理解”と“4.2 利害関係者のニーズ及び期待の理解”を考慮して，取り組むべきリスク及び機会を決定し，どのように対応していくか，計画を立てます．この運送業界の事例であれば，人事課の品質目標として“若手運転手の採用人員”を設定するやり方もあるでしょう．また，社内の福利厚生の課題と改善策を総務課の業務の中で推進していくのも一策でしょう．

QMS は EMS と違い，“取り組む必要があるリスク及び機会”の文書化は求めていません．しかしながら，Q･E 統合マネジメントシステムとして運用するのであれば，EMS の文書化の要求事項とそろえたほうがよいでしょう．

また，蛇足ですが，本格的なリスクアセスメントを規格は求めていません．過剰反応にならないよう留意してください．

(2)　ISO 14001:2015 要求事項のポイントとその意図

6.1.1　一般

1）6.1.1～6.1.4 の要求事項を満たすためのプロセスを確立・実施・維持する.
2）環境マネジメントシステムの計画を立てる際には，次の a)～c)を考慮する.
　a）外部及び内部の課題
　b）利害関係者の要求事項
　c）環境マネジメントシステムの適用範囲
3）次の事項のために，取り組む必要がある，環境側面，順守義務，並びに外部及び内部の課題，利害関係者の要求事項に関連する，リスク及び機会を決定する.
　・環境マネジメントシステムが意図した結果の達成
　・望ましくない影響の防止又は低減
　・継続的改善の達成
4）環境マネジメントシステムの適用範囲の中で，環境影響を与える可能性のあるものを含め，潜在的な緊急事態を決定する.
5）次の事項を文書化する.
　・取り組む必要があるリスク及び機会
　・6.1.1～6.1.4 で必要な程度のプロセス

■規格の意図の解説

ここでは，大きく二つのことを要求しています.

一つ目は“取り組む必要のあるリスク及び機会を決定し，文書化すること”です.

規格は，“環境側面，順守義務，並びに外部及び内部の課題，利害関係者の要求事項に関連し，取り組む必要があるリスク及び機会を決定する”ことを要求しています．

例えば，環境側面として悪臭の発生を特定した場合，悪臭による周辺住民からの苦情・提訴というリスクが想定されます．順守義務に関しては，公共用水への排水の水質が水濁法（“水質汚濁防止法”）の水質基準を超過するリスクも想定されます．

外部及び内部の課題に関連するリスク，例えば，原子力発電所の稼働停止によるエネルギー不足やエネルギーコストの上昇のリスクが想定できます．

また，利害関係者からの要求事項，例えば，さらなる省エネ製品のニーズが想定できます．そのさらなる省エネ製品の開発・リリースは，組織の機会（チャンス）でもあります．

二つ目は“潜在的な緊急事態を決定すること”です．

従来の緊急時の環境側面は，油の漏洩，未処理排水の流出などを設定していました．ここで意図する緊急事態とは，“経営に相応な影響を与える緊急事態”であると考えてください．例えば，“騒音”は環境側面ですが，近隣住民から“騒音”の訴訟や製品の環境性能に関する誤表示などがこの緊急事態に該当します．

ただし，“6.1.1 一般”で，この緊急事態を決定するよりも，次の“6.1.2 環境側面”で決定するほうが運用しやすいでしょう．

6.1.2　環境側面

1）環境マネジメントシステムの適用範囲の中で，ライフサイクルの視点を考慮し，活動，製品及びサービスについて，組織が管理できる，若しくは影響を及ぼすことができる環境側面及び環境影響を決定する．

2）環境側面を決定するときは，次の事項を考慮する．

　a）変更（開発，活動，製品及びサービス等の計画又は新規又は変更）

　b）緊急事態

3）設定した基準に基づき，著しい環境側面を決定する．

4)　著しい環境側面は組織内に伝達する.

5)　環境側面及び環境影響，設定基準，著しい環境側面を文書化する.

■規格の意図の解説

ISO 14001:2015の新たな要求事項として，ライフサイクルがあります．いわゆる，“ゆりかごから墓場まで”です．市場調査，設計・開発，資材調達，製造，出荷，顧客使用，廃棄に至るサイクルを考慮し，環境側面を抽出・評価することを要求しています.

“組織が管理できる，若しくは影響を及ぼすことができる”環境側面については，その違いをいまだ理解していない組織がありました．念のため，補足します.

“組織が管理できる”環境側面とは，その環境側面を改善，若しくは運用しようとした場合，組織だけで対応できる環境側面を指します．例えば，“電気の使用”です．節電の手順や省エネ機器の導入などは自分たちだけで決定し，実行することができます．このような側面を“組織が管理できる”環境側面といいます.

一方，“影響を及ぼすことができる”環境側面とは，その環境側面を改善，若しくは運用しようとした場合，利害関係者に相談・依頼・提案などの働きかけが必要となる環境側面です．例えば，発注資材の“梱包材”という環境側面です．梱包の簡素化や通い箱への改善は，供給者への提案・依頼です．自分たちだけで決定できません．このような側面を“影響を及ぼすことができる”環境側面といいます.

ライフサイクルを考慮すれば，これまで構築・運用されてきた環境側面（緊急事態を含む）の抽出・評価と，著しい環境側面の決定プロセスは，ほぼ流用できるでしょう．例えば，環境側面の評価プロセスが複雑で，工数を要しているのであれば，ISO 14001:2015での統合マネジメントシステムの検討を機会に，簡素化を図られたらいかがでしょうか.

長年，EMSの運用，若しくは活動を行ってきた組織は，自組織又は自部門にとって，何が著しい環境側面なのかを想定していることでしょう．したがって，各部署で著しい環境側面の候補を提起し，環境委員会などで議論し，当年度の著しい環境側面を決定する方法もあります．

6.1.3　順守義務

ISO 14001:2004 では，4.3.2（法的及びその他の要求事項）という表題でした．ほぼ同様の要求事項です．要求事項は次のとおりです．

> 組織は次の事項を行う．
>
> a)　環境側面にかかわる順守義務（関連法令・条例等とその要求事項）を決定し，文書化する．
>
> b)　この順守義務を組織にどのように適用するかを決める．
>
> c)　環境マネジメントシステムの構築・実施・維持・改善に順守義務を考慮に入れる．

■規格の意図の解説

上記 a)については，組織は“関連法令・順守義務一覧表”と称する関連法令などの特定表を作成しています．どこまで詳細に記載するのかという質問がよくあります．

例えば，廃棄物処理法（“廃棄物の処理及び清掃に関する法律”）では，産業廃棄物の掲示板の設置を求めています．“関連法令・順守義務一覧表”に“掲示板（‘廃棄物の種類，管理者，連絡先’の 3 点表示，60 cm×60 cm 以上の大きさの掲示板）設置”と詳細に記載している組織もあれば，“掲示板設置”が未記載の組織もあります．当該一覧表に法令の要求事項をどこまで記入するかについては，組織が決めることですが，この一覧表を使用して内部監査を実施するのであれば，ある程度は詳細に，要求事項を特定する必要があるでしょう．つまり，この一覧表の用途に応じて，組織がどの程度まで記載するのかを決めることになります．

また，b)の“この順守義務を組織にどのように適用するかを決める”ことをうまく理解していない組織がありました．ここでは，“対象となる施設は何か，対象となる物資は何か，だれが何を届け出るのか，だれが何を測定するのか”などを決める必要があります．

関連法令は適宜，見直され，改正されます．その最新情報をどのようにして入手するか，そこが組織にとって悩みの種です．最近では，フロン回収・破壊法（“特定製品に係るフロン類の回収及び破壊の実施の確保等に関する法律”）からフロン排出抑制法（“フロン類の使用の合理化及び管理の適正化に関する法律”）に改正されたときには，多くの組織で課題を検出しました．

例えば，日本規格協会審査登録事業部では，登録組織に対して，関連法令の情報を毎月，メールで配信しています．ただ，こういった情報を得ていても，法令の解釈は難しく，組織に関与する法令なのか否かの判断に悩んでいます．

読者の方々も，年に何度かは官公庁を訪問されることと思います．その際，関係窓口を訪問し，環境法や条例の改正などの有無をたずねるのが一番簡素で，確実な方法でしょう．

6.1.4　取組みの計画策定

この要求事項の理解が難しいことを経験上，感じています．そこで，この要求事項はわかりやすい表現に置き換え，規格の要求事項とその意図の解説を分けずに，あわせて説明します．

まず，著しい環境側面，順守義務と取り組む必要があるリスク及び機会を決めます．それらに対して，今後どのように取り組んでいくか決めることを要求しています．

次の取組みが選択肢になります．

・環境目標に設定して，活動するのか
・資源（人，設備など）の充当を計画するのか（“7 支援”）
・運用管理で維持するのか（“8 運用”）
・状況を監視・測定するのか（“9.1 監視，測定，分析及び評価”）

・通常の業務や他のマネジメントシステム（労働安全衛生，事業継続など）で活動するのか

・プロジェクトチームを結成し，活動するのか

・品質目標（Q・E共通目標）で活動するのか

この要求事項では，上記から選択し（複数可），決定することを要求しています．

一般論として，著しい環境側面は，環境目標，若しくは運用管理と監視測定が選択肢の候補でしょう．例えば，著しい環境側面として“電気の使用”を決めたとします．それを環境目標として設定し，活動するのか，それとも節電の運用管理として運用するのか，あるいは両方実施するのか，監視測定も含むのか，その取組みの決定を要求しています．

リスク及び機会については，組織の課題や利害関係者の要求事項を考慮したものであれば，相応に大きなテーマであることが推測されます．この場合の選択肢は多岐にわたります．リスクとして“エネルギーコストの上昇”を決定したとすると，単に部門の環境目標では対応できず，プロジェクトチームを立ち上げるなどの選択肢も候補にあがってきます．

順守義務については，順守そのものに大きな問題がなければ“9.1.2 順守評価”のみで十分であると評価します．ただし，例えば，排水水質の排水基準が水濁法（“水質汚濁防止法”）の基準ギリギリ（工程能力が低い）であるとすると，別の選択肢（環境目標に排水水質の改善を設定）も考えられます．

上記の取組みの選択にあわせて，次の事項も要求しています．

1）決定した取組みの有効性（役に立ったか，成果をあげつつあるか）を評価する．

2）これらを計画する際には，技術上の選択肢，財務上，運用上，事業上の要求事項を考慮する．

(3)　QMS・EMS の統合について

Q・E ともに，対応が必要だと決定したリスク及び機会が経営の課題といかに関与しているかです．何度も述べますが，ISO 9001:2015 と ISO 14001:2015 はいずれも，ISO と経営の統合を要求しています．

したがって，リスク及び機会が狭義の品質・環境のテーマであり，経営と切り離されたものであれば，規格の意図からは外れてしまいます．

(4)　Q・E 統合マネジメントシステムの事例

既存の経営システム（経営会議など）の中で，取り組む必要があるリスク及び機会と，それに対してどのようにして取り組むか，また，その活動又は運用の結果を適宜，フォローしています．

(5)　マニュアル等への記述事例

6.1.1　一般

> 経営・品質・環境を念頭に置き，外部及び内部の課題と利害関係者の要求事項を考慮して，取り組む必要のあるリスク及び機会と，それらに対して，どのように取り組むかという計画を月1回開催する経営会議おいて議論し，決定し，その活動成果の進捗フォローと，必要に応じてリスク及び機会の見直しを図る．

6.1.2　環境側面

> EMS の適用範囲の中で，ライフサイクルの視点を考慮し，製品及びサービスについて，組織が管理できる，若しくは影響を及ぼすことができる著しい環境側面の候補を各部署は抽出し，期初の環境委員会で当該候補の適切性・有効性を議論し，決定した，著しい環境側面を“著しい環境側

面，リスク及び機会一覧表”に文書化する．なお，経営に影響を与える緊急時も含めて，緊急時の著しい環境側面も決定する．

6.1.3 順守義務

管理責任者は次の事項を実施する，又は実施させる．

a) 環境側面にかかわる順守義務を“順守義務一覧表”に特定する．

また，適宜官公庁を訪問し，関連法令・条例の改正情報を入手し，必要に応じて同一覧表の見直しを図る．

b) この順守義務をどう適用するかを決め，関係部門に指示する．

6.1.4 取組みの計画策定

決定した著しい環境側面，順守義務とリスク及び機会に対して，今後どのように取り組んでいくかを環境委員会で決め，その結果を“著しい環境側面，順守義務とリスク及び機会一覧表”に文書化する．

表1 著しい環境側面，順守義務とリスク及び機会一覧表

リスク及び機会	①	②	③	④	⑤	⑥	主担当部署
生産設備老朽化による設備故障多発と余備品不足による長期停止(Q・E共通リスク)		○		○	○		保全課
運送業者の確保難による短納期対応不可並びに納期順守率低下(QMSリスク)	○			○			生産管理課
…							

表1　(続き)

リスク及び機会	①	②	③	④	⑤	⑥	主担当部署
【著しい環境側面】							
電気の使用			○	○			全部署
産業廃棄物の発生	○		○	○			製造部
…							
【順守義務】							
順守評価（9.1.2)				○			管理責任者
(課題) 排水水質 BOD の工程能力不足	○	○		○			保全課
…							

備考　項目欄の①～⑥は次による.
①：品質・環境目標に設定して活動
②：資源（人，設備など）の充当を計画（“7 支援”）
③：運用管理で維持（“8 運用”）又は業務の中で運用
④：状況を監視・測定（“9.1 監視，測定，分析及び評価”）
⑤：プロジェクトチームを結成して活動
⑥：その他

6.2　品質目標及びそれを達成するための計画策定　ISO 9001:2015

6.2　環境目標及びそれを達成するための計画策定　ISO 14001:2015

(1)　ISO 9001:2015 要求事項のポイントとその意図

6.2 には，“6.2.1” と “6.2.2” があり，6.2.1 は品質目標の設定，6.2.2 はそれを達成するための計画策定に関する要求事項です．いずれも表題はありません．要求事項のポイントは次のとおりです．

6.2.1

1)　関連する機能，階層，プロセスにおいて，品質目標を設定し，文書化する．

2)　品質目標は，次の事項を満たす．

a) 品質方針と整合する（方針の“枠組み”と整合させること）.
b) 目標の達成状況が測定可能である（可能な限り数値目標が望ましい）.
c) 適用される要求事項を考慮に入れる.
d) 製品及びサービスの適合，並びに顧客満足向上に関連する.
e) 監視する.
f) 伝達する.
g) 必要に応じて，更新する.

6.2.2

品質目標達成のための計画を策定する．策定にあたって，次の事項を計画する.
a) 何を実施するのか（目標達成のための手段）
b) 必要な資源（例えば，予算）
c) 責任者（だれが責任をもって活動を推進していくのか）
d) 実施事項の完了時期（タイムスケジュールの明確化）
e) 結果の評価方法（活動の成果をどの指標で評価するのか）

■規格の意図の解説

ISO 9001:2008では，品質目標を達成するための計画を要求していましたが，具体的な計画［上記6.2.2のa)〜e)］は求めていませんでした.

ISO 14001:2015と整合が図られた要求事項となっています．方針の“枠組み”から展開される目標に加え，リスク及び機会から展開される目標も考えられます.

(2)　ISO 14001:2015 要求事項のポイントとその意図

6.2では，ISO 9001:2015とほぼ同じ要求事項で，“6.2.1 環境目標”と“6.2.2 環境目標を達成するための取組みの計画策定”があります．

6.2.1　環境目標

1)　関連する機能及び階層において，環境目標を設定し，文書化する．
2)　環境目標は，著しい環境側面，順守義務を考慮に入れ，リスク及び機会を考慮し，次の事項を満たす．
  a)　環境方針と整合する（方針の“枠組み”と整合させること）．
  b)　目標の達成状況が測定可能である（可能な限り数値目標が望ましい）．
  c)　監視する．
  d)　伝達する．
  e)　必要に応じて，更新する．

6.2.2　環境目標を達成するための取組みの計画策定

1)　環境目標達成のための計画を策定する．策定にあたっては，次の事項を計画する．
  a)　何を実施するのか（目標達成のための手段）
  b)　必要な資源（例えば，予算）
  c)　責任者（だれが責任をもって活動を推進していくのか）
  d)　達成期限（タイムスケジュールの明確化）
  e)　結果の評価方法（活動の成果をどの指標で評価するのか）
2)　環境目標を達成するための取組みを経営にどのように統合するかを考慮する．

■規格の意図の解説

多少の差異はあるものの，ISO 9001:2015 とほぼ同じ要求事項です．

(3) QMS・EMS の統合について

経営の課題として関連付けたリスク及び機会も適宜，必要に応じて品質・環境目標に展開することが経営との関係・統合につながります．

(4) Q･E 統合マネジメントシステムの事例

前述のとおり，新たな仕組みの構築というより，既存の仕組み（経営会議など）をいかにうまく活用していくかです．

経営層の会議体などに出席でき，かつ，発言力のある人を管理責任者に任命している組織は，経営と ISO の統合が進んでいます．

(5) マニュアル等への記述事例

1) 管理責任者は“(全社) 品質・環境目標一覧表”を策定する．
2) 管理責任者の指示に基づいて，各部署長は次の事項を実施する．
   “(部署) 品質・環境目標一覧表”に部署の品質・環境目標を文書化する．
   品質・環境目標は，次の事項を満たす．
   a) 方針と整合（方針の“枠組み”と整合させる）
   b) 目標の達成状況が測定可能（可能な限り，数値目標とする）
   c) 適用される要求事項を考慮に入れる（QMS）．
   d) 製品及びサービスの適合並びに顧客満足向上に関連（QMS）
   e) 監視し，伝達し，必要に応じて更新する．
3) 部署長は，品質・環境目標達成のための実施計画を策定する．
   実施計画には，次の事項を計画する．
   a) 目標達成のための手段

b)　必要な資源（例えば，予算）
c)　責任者
d)　タイムスケジュール
e)　活動の成果を評価する指標の明示

6.3　変更の計画　　ISO 9001:2015

(1)　ISO 9001:2015 要求事項のポイントとその意図

1)　品質マネジメントシステムを変更する場合には，計画的に行う．
2)　次の事項を考慮し，変更を行う．
　a)　変更の目的，及びそれによって起こり得る結果
　b)　品質マネジメントシステムの“完全に整っている状態”(integrity)
　c)　資源の利用可能性
　d)　責任及び権限の割当て又は再割当て

■規格の意図の解説

この要求事項は ISO 9001:2015 のみです．ISO 9001:2008 の 5.4.2（品質マネジメントシステムの計画）の b)を独立させ，新たに細分箇条となりました．

変更する場合には，たいていリスク及び機会を伴います．上記 2)の a)～d)を考慮し，計画的に変更を行うことを要求しています．

(2)　ISO 14001:2015 要求事項のポイントとその意図

ISO 9001:2015 のみの要求事項であるので，ここでの説明はありません．

(3)　QMS・EMS の統合について

ISO 9001:2015 単独の要求でもあり，また，経営システムとも直接の関与

はなく，説明はありません.

(4) Q・E 統合マネジメントシステムの事例

上述の理由により，当該事例はありません.

(5) マニュアル等への記述事例

QMS を変更する場合には，リスク及び機会を想定し，計画的に行う.

7 支援

7.1 資源

ISO 9001:2015/ISO 14001:2015

ISO 14001:2015は，“7.1 資源”のみです．ISO 9001:2015の“7.1 資源”には，7.1.1から7.1.6があります．

7.1.1 一般
7.1.2 人々
7.1.3 インフラストラクチャ
7.1.4 プロセスの運用に関する環境
7.1.5 監視及び測定のための資源
7.1.6 組織の知識

(1) ISO 9001:2015 要求事項のポイントとその意図

7.1.1 一般

次の事項を考慮し，品質マネジメントシステムに必要な資源を明確にし，提供する．

a) 組織が保有する資源（人，設備，資金等）の能力と制約

b) 外部（供給者等）から提供を受ける必要がある資源

■規格の意図の解説

必要な資源を明確にし，提供することを求めています．具体的なアウトプットとして，年度又は中・長期の経営計画，設備投資計画などが該当します．

7.1.2 人々

品質マネジメントシステムに必要な人々を明確にし，提供する．

■規格の意図の解説

資源のうち，人に対する要求事項です．具体的なアウトプットとして，年度，若しくは中・長期の人員計画（採用など）が該当します．

7.1.3　インフラストラクチャ

> プロセス運用，製品及びサービスの適合のために必要なインフラストラクチャを明確にし，提供し，維持する．

■規格の意図の解説

ISO 9001:2008 の 6.3（インフラストラクチャー）の要求事項と実質同じです．既存の仕組みに問題なければ，そのまま流用できます．

7.1.4　プロセスの運用に関する環境

> プロセス運用，製品及びサービスの適合のために必要な環境を明確にし，提供し，維持する．

■規格の意図の解説

この要求事項は，ISO 9001:2008 の 6.4（作業環境）の要求事項がもとになっていますが，ISO 9001:2015 の 7.1.4 の注記には，従来の物理的要因（温湿度，熱，照度，粉塵など）に加え，社会的要因（非差別的，非対立的など）と心理的要因（心のケアなど）が追加されています．対象とする範囲が広がったととらえたほうが自然です．

なお，ISO 9001:2015 の“0.1 一般”の最後の段落に，

“‘注記’に記載されている情報は，関連する要求事項の内容を理解するための，又は明解にするための手引である”

とあります．したがって，“注記”は要求事項ではありません．

しかしながら，要求事項ではありませんが，要求事項を理解するための手引であり，この場合ならば，可能な範囲で，社会的要因や心理的要因を配慮することが規格の意図に合っています．

7.1.5　監視及び測定のための資源

7.1.5 には，“7.1.5.1 一般”と“7.1.5.2 測定のトレーサビリティ”の二つの箇条があります．

7.1.5.1　一般

1）要求事項に対する製品及びサービスの適合を検証するために必要な資源を明確にし，提供する．資源は次の事項を満たす．
　a）監視・測定活動に適切である．
　b）資源は適切に維持されている．
2）監視・測定用の資源が目的に合う証拠として，文書化（記録）する．

7.1.5.2　測定のトレーサビリティ

1）測定のトレーサビリティが要求事項となっている場合や，測定結果の妥当性に信頼が不可欠と判断した場合には，測定機器は次の事項を満たす．
　a）校正，若しくは検証を行う．計量標準がない場合は根拠となる情報を文書化する．
　b）校正・検証の状態を識別する．
　c）測定機器を調整・損傷・劣化から保護する．
2）測定機器が不適と判明した場合には，これまでの測定結果の妥当性を明確にし，適切な処置を行う．

■規格の意図の解説

“7.1.5 監視及び測定のための資源”はISO 9001:2008の7.6（監視機器及び測定機器の管理）とほぼ同様の要求事項です．

監視及び測定機器の管理プロセスは従来の仕組みで問題なければ，そのまま流用できます．ただし，次の事項は考慮してください．

“7.1.5.1 一般”では，必要な“資源”の明確化・提供を要求しています．資源には人も含みます．外観検査（色・キズなど）や化粧品の香り，食品の味など，人間の五感で検査しているケースが多くあります．その場合，1)のb)の“資源は適切に維持されている”こと，並びに2)の“監視・測定用の資源が目的に合う証拠として，文書化（記録）する”ことを要求しています．その五感をどのようにして，適切に維持しているかを考える必要があります．目，鼻，舌が一度“力量あり”と評価されても，経時変化で，その力量が衰える可能性があります．

測定機器の社内又は社外校正は時間も費用もかかります．ある組織ではすべての監視・測定機器の校正を行っていました．しかしながら，測定機器の使用実態を確認してみると，中には，工程チェック用の測定機器もありました．測定精度を要求しているわけではなく，ラインの異常有無の確認用に製品を抜取測定していました．検査用の測定機器とは明らかに用途が違い，求められる測定精度も違います．そうであれば一律の校正が必要なのか，疑問を呈したこともありました．

7.1.6　組織の知識

1) プロセス運用，並びに製品及びサービスの適合達成に必要な知識を明確にし，維持し，必要な範囲で利用可能とする．
2) 新たなことに取り組む場合には，必要な追加の知識及び要求される更新情報を得る方法等を決める．

■規格の意図の解説

この要求事項はISO 9001:2015で新設されました．“知識”は，組織の固有技術や知見などを意味します．例えば，知的財産，プロジェクト成功又は失敗の事例，経験などがあります．組織にとっては，重要な知的財産だと思われます．その知的財産を次の世代に確実に伝達する必要があります．そのために，組織にとって何が管理対象の知識なのか，それをどのようにして維持するのか．当然ながら，社外流出は防止しなければなりません．アクセスする方法も考える必要が出てきます．

(2)　ISO 14001:2015 要求事項のポイントとその意図

7.1　資源

環境マネジメントシステムに必要な資源を決定し，提供する．

■規格の意図の解説

大変簡素な要求事項です．統合マネジメントシステムとしては，ISO 9001:2015の7.1.1～7.1.6の中に，ISO 14001:2015に関与する事項があれば，例えば，“7.1.3 インフラストラクチャ”の設備に環境設備（排水処理設備，ボイラー，スクラバーなど）を含めて管理すれば，統合が図れます．

(3)　QMS・EMSの統合について

ISO 9001:2015の“7.1.1 一般”と“7.1.2 人々”の要求事項に該当するアウトプットは，設備投資計画や人員計画を含めたところでの経営計画書が該当します．

これらも，年度単位や中・長期的なロードマップがあることでしょう．あえて，QMS，EMSのための別管理ではなく，経営の中でマネジメントシステムを統合することが望まれます．

また，“7.1.6 組織の知識”については，設計・開発プロセスにおいて，技術速報や失敗事例集など，技術開発に関与する知識の管理を行っていることでしょう．

また，製造現場においては，ワンポイントレッスンなどに作業の鍵となる技能をうまくまとめています．これらも貴重な知識です．新たに知識を管理する仕組みを構築しなくても，既存の仕組みに該当するものはほかにないでしょうか．

“7.1.5 監視及び測定のための資源”における監視・測定機器の校正又は検証については，ISO 14001:2015 の対象機器も含めて管理することと，あわせて“7.1.3 インフラストラクチャ”の設備に環境設備を含めて管理することを勧めます．

(4) Q･E 統合マネジメントシステムの事例

上記(3)で述べた内容を組織の事例として確認しています．

(5) マニュアル等への記述事例

7.1.1 一般

> QMS 及び EMS に必要な資源を明確にし，提供する．
> 必要な資源は，経営計画，設備投資計画，○○○に明確にする．

7.1.2 人々

> QMS 及び EMS に必要な人々を明確にし，提供する．
> 必要な人員は，年度人員計画で明確にする．

7.1.3　インフラストラクチャ

QMS 及び EMS に必要なインフラストラクチャを明確にし，提供し，維持する．対象のインフラストラクチャと維持管理部門及びそのプロセスを表○に示す．

7.1.4　プロセスの運用に関する環境

プロセス運用，製品及びサービスの適合のために必要な環境を明確にし，維持管理する．

1）物理的要因

例えば，クリーンルームでは，パーティクル，温湿度，陽圧などの作業環境管理が必要となります．この要求事項は従来からあり，その仕組みに問題なければ，そのまま流用できます．

2）社会的要因と心理的要因

どこまで範囲を広げて考えるかは組織の判断に委ねられます．例えば，労働安全衛生法では，従業員 50 人以上の事業所において，ストレスチェックの義務化が要求されています．このような，順守すべき関連法令と絡ませるのも一策でしょう．

7.1.5　監視及び測定のための資源

測定器の管理プロセスは，従来の仕組みで問題なければ流用する．

ただし，検査に必要な人の五感が適切に維持されているか否かをどのように評価し，維持するかを検討する必要があります．また，ISO 14001:2015 の

“9.1.1 一般”の監視・測定機器の校正又は検証も含みます．

7.1.6　組織の知識

> プロセス運用，並びに製品及びサービスの適合達成に必要な知識を明確にし，維持し，必要な範囲で利用可能とする．
>
> 1)　技術開発の知識
>
> 知り得た知識は，○○手順に従って，技術速報，失敗・成功事例集にまとめ，維持する．
>
> 2)　製造の匠の知識
>
> 知り得た知識は，○○手順に従って，ワンポイントレッスンにまとめ，維持する．

7.2　力量

ISO 9001:2015/ISO 14001:2015

(1)　ISO 9001:2015 要求事項のポイントとその意図

> 次の事項を行う．
>
> a)　品質マネジメントシステムのパフォーマンス及び有効性に影響を与える業務を行う人に必要な力量を明確にする．
>
> b)　必要な力量を備えた人にその業務を行わせる．
>
> c)　力量が不足していると評価した場合には，教育訓練の提供，必要な力量を有した人の配置転換又は採用などの処置をとり，その有効性（役に立ったか否か）を評価する．
>
> d)　力量に関する記録をとる．

■規格の意図の解説

ISO 9001:2008では，6.2.2（力量，教育・訓練及び認識）のa)において，“製品要求事項への適合に影響がある仕事に従事する要員”に必要な力量を要求していましたが，ISO 9001:2015では上記a)のように，“QMSのパフォーマンス及び有効性に影響を与える業務を行う人”に必要な力量を要求するように変わりました．

パフォーマンスを成果ととらえると，QMSの成果や有効性に影響を与える業務は，極論をいうと，組織のすべての業務ではないでしょうか．そうはいっても，どの業務を対象とするのか，どのような力量が必要なのか否かは組織が判断することになります．

なお，力量に関する記録は要求しています．星取表のような力量一覧表で運用されている組織をよく見かけます．

(2)　ISO 14001:2015 要求事項のポイントとその意図

次の事項を行う．

a)　環境マネジメントシステムのパフォーマンス及び順守義務に影響を与える業務を行う人に必要な力量を明確にする．

b)　必要な力量を備えた人にその業務を行わせる．

c)　環境側面や環境マネジメントシステムに関する教育訓練のニーズを決定する．

d)　力量が不足していると評価した場合には，教育訓練の提供，必要な力量を有した人の配置転換，又は採用などの処置をとり，その有効性（役に立ったか）を評価する．

力量に関する記録をとる．

■規格の意図の解説

この要求事項は，ISO 9001:2015と同様です．ISO 14001:2004の4.4.2（力

量，教育訓練及び自覚）では，“著しい環境側面にかかわる作業を行う人”に必要な力量を要求していましたが，今回“EMSのパフォーマンス及び順守義務”に変わりました．

順守義務に関しては，関連法令や条例の改正情報の入手や組織への適用有無の判断，各種届出，法的な有資格，順守評価の実施などを行う要員には，必要な力量があります．

ただし，パフォーマンスに関しては，どのような力量が必要なのかは組織が判断することになります．

ISO 9001:2015と違い，ISO 14001:2015の“7.2 力量”のc)で“教育訓練のニーズの決定”を要求しています．例えば，今回，移行にあたって，ISO 14001:2015における要求事項の社内説明や内部監査員教育などのニーズが生じてきます．

教育訓練のニーズがあるという認識があれば，当然ながら，教育訓練の計画立案，実施，有効性評価とプロセスはつながっていきます．

なお，ISO 9001:2015と同様に，力量に関する記録を要求しています．

(3)　QMS・EMSの統合について

QMS及びEMSにとって必要な力量は何か，これが核だと考えます．

例えば，QMSの必要な力量として，これまでは，

・○○組立ができる，溶接ができる，設備の点検ができる など

・外観検査ができる，測定器の異常有無の判断ができる など

同様に，EMSの必要な力量として，これまでは，

・排水処理施設の運転ができる，公害防止管理者（水質）の有資格 など

のような力量の類でした．それはそれで，従来どおりの力量が必要です．

しかしながら，規格はISOと経営の統合を要求しています．では，どのような力量が新たに必要となってくるのでしょうか．

製造現場の作業者であれば，作業手順・基準を理解し，そのとおりに作業ができることをこれまでは求めてきました．

組織の課題・テーマが製造原価削減をねらった生産性向上であれば，作業員は，設備故障・チョコ停を低減し，事後保全から予防保全に切り替えます．その活動に必要な知識を含めた必要な力量があるでしょう．また，リードタイム短縮も生産性向上に寄与します．リードタイム短縮を進めるのに必要な力量もあるかもしれません．

組織の外部及び内部の課題，利害関係者の要求事項，それらを考慮したリスク及び機会は何か，それを改善するために，自部門は何を実施しなければならないのか，そのためにはどのような力量が必要となるのか，そのストーリーからも必要な力量を検討されることが必要となります．

(4) Q・E 統合マネジメントシステムの事例

人材育成が重要課題と認識されている組織は多くありますが，必要な力量の明確化とその評価，力量を確保させる具体策の立案・推進を行っている組織は少ないのが現状です．

(5) マニュアル等への記述事例

a) QMS 及び EMS のパフォーマンス及び有効性に影響を与える業務を行う人，並びに順守義務に関連する人に必要な力量を“力量一覧表”に明確にする．また，必要な力量を備えた人にその業務を行わせる．

b) 力量が不足していると評価した場合には，教育訓練の提供，必要な力量を備えた人の配置転換，又は採用などの処置をとり，その有効性（役に立ったか否か）を評価する．

c) 環境側面や EMS に関する教育訓練のニーズを決定し，必要に応じて○○教育・訓練計画を策定し，実施する．

d) 以上，力量に関する記録をとる．

7.3 認識

ISO 9001:2015/ISO 14001:2015

(1) ISO 9001:2015 要求事項のポイントとその意図

組織の管理下で働く人々に次の認識をもたせる.

a) 品質方針

b) 関連する品質目標

c) 品質マネジメントシステムの有効性に対する自らの貢献

d) 品質マネジメントシステム要求事項に適合しない場合の意味（影響）

■規格の意図の解説

上記 a)～d)の認識をもたせることを要求しています.

具体的には，品質方針・品質目標が設定され，運用開始の期初に関係者を集め，朝礼又は終礼などの会合で伝えているとおりです.

なお，実施した記録は求めていません.

(2) ISO 14001:2015 要求事項のポイントとその意図

組織の管理下で働く人々に次の認識をもたせる.

a) 環境方針

b) 自らの業務に関連する著しい環境側面と環境影響

c) 環境マネジメントシステムの有効性に対する自らの貢献

d) 順守義務を満たさないことを含む，環境マネジメントシステム要求事項に適合しない場合の意味（影響）

■規格の意図の解説

概ね，ISO 9001:2015 と同様の要求事項です. 上記 a)～d)の認識をもたせることを要求しています.

(3)　QMS・EMSの統合について

この要求は関係者に認識をもってほしいという意図です．少なくとも，方針はトップマネジメントが定めるもので，方針が変更された場合には，期初式などで，トップマネジメント自らが全従業員へ自らの思いを直接伝えてほしいという期待はあります．方針・目標カードの配付や方針ポスターの掲示よりもトップマネジメント自らの言葉で全従業員へ伝えるほうがより大きな認識につながります．

(4)　Q･E統合マネジメントシステムの事例

毎朝の朝礼で，会社の理念や方針を唱和している組織がありました．

期初式において，トップマネジメント自らの言葉で全従業員へ方針を伝えている組織もありました．

(5)　マニュアル等への記述事例

期初式において，トップマネジメント及び管理責任者から次の内容を全従業員に伝える．また，適宜部署内で次の認識を深めることを行う（唱和など）．

a)　品質・環境方針

b)　主な品質・環境目標及び著しい環境側面

c)　QMS・EMSの有効性に対する自らの貢献

d)　順守義務を満たさないことを含む，EMS・QMS要求事項に適合しない場合の意味（影響）

7.4　コミュニケーション　　ISO 9001:2015/ISO 14001:2015

ISO 9001:2015は“7.4コミュニケーション”のみですが，ISO 14001:2015の“7.4コミュニケーション”には，次の三つの箇条があります．

7.4.1　一般

7.4.2　内部コミュニケーション

7.4.3　外部コミュニケーション

（1）ISO 9001:2015 要求事項のポイントとその意図

品質マネジメントシステムに関連する内部及び外部のコミュニケーションを決める．

a）コミュニケーションの内容

b）コミュニケーションの実施時期

c）コミュニケーションの対象者

d）コミュニケーションの方法

e）コミュニケーションを行う人

■規格の意図の解説

QMS に関連する内部及び外部のコミュニケーションに対して，いわゆる，5W1H を決めて運用を要求しています．

① 従来どおり，コミュニケーションとしては，さまざまな会議体が該当します．

例：経営会議，役員会，品質会議，生販会議

② ISO 9001:2015 では，コミュニケーションが要求されている箇条があります．

5.1.1 f）有効な品質マネジメント及び QMS 要求事項への適合の重要性の伝達

5.2.2 b）品質方針の組織内への伝達

5.3 c）　QMS のパフォーマンス及び改善の機会のトップマネジメントへの報告

6.2.1 f）品質目標の伝達

8.2.1　顧客とのコミュニケーション

8.4.3　外部提供者への要求事項の伝達

以上の事項に関しては，“7.4 コミュニケーション”の要求事項を適用します．

(2) ISO 14001:2015 要求事項のポイントとその意図

7.4.1 一般

1) 環境マネジメントシステムに関連する内部及び外部のコミュニケーションプロセスを確立する．
   a) コミュニケーションの内容
   b) コミュニケーションの実施時期
   c) コミュニケーションの対象者
   d) コミュニケーションの方法
2) コミュニケーションプロセスを行う際には次の事項を行う．
   ・順守義務を考慮に入れる（届出，報告等）．
   ・伝達される環境情報に信頼性をもたせる．
3) 必要に応じて，コミュニケーションの記録をとる．

■規格の意図の解説

ISO 9001:2015 の“7.4 コミュニケーション”とほぼ同様の要求事項です．

7.4.2 内部コミュニケーション

次の事項を行う．

a) 組織の階層（縦），機能間（横）のコミュニケーションを行う．
b) コミュニケーションプロセスが，組織の管理下で働く人々の継続的改善への寄与を可能にする．

■規格の意図の解説

上記 b)の意味は，組織の管理下で働く人に対しても，コミュニケーションに参加できるようにすることを要求しています．例えば，改善提案への参加，会議への参加，連絡窓口の設定があります．

7.4.3 外部コミュニケーション

> 組織は，コミュニケーションプロセスによって確立したとおりに，かつ，順守義務による要求に従って，環境マネジメントシステムに関連する情報について外部コミュニケーションを行う．

■規格の意図の解説

外部コミュニケーションの例として，次の事項が考えられます．

環境報告書，ウェブサイトでの環境情報公開，パンフレットでの環境情報公開，地域住民との会合，地域清掃活動の実施，地域の環境イベント参加，苦情の受付・対応，順守義務に基づいた対応（届出，報告），行政の立ち入り検査対応 など

(3) QMS・EMS の統合について

例えば，内部コミュニケーションとしての会議は，既存の経営システムの会議体を位置付けたほうがより効果的となるでしょう．

例：経営会議，幹部会

(4) Q・E 統合マネジメントシステムの事例

上述のとおり，経営会議や生産会議，原価会議などをコミュニケーションの一部として位置付けている組織もあります．

(5) マニュアル等への記述事例

表2 内部及び外部のコミュニケーションプロセスの例

	内 容	Q/E	担当	時期	対象	方法	備考
経営会議	リスクと機会の決定	Q・E					
期初式	5.2.2 b) 品質方針の伝達	Q					
同上	6.2.1 f) 品質目標の伝達	Q・E					
…	…						
改善提案検討会	改善提案の評価など	Q・E					
環境苦情受付	近隣住民からの環境の苦情への対応	E					
…	…						

7.5 文書化した情報

ISO 9001:2015/ISO 14001:2015

ISO 9001:2015, ISO 14001:2015 ともに,“7.5 文書化した情報”には,次の三つの箇条があります.

7.5.1 一般

7.5.2 作成及び更新

7.5.3 文書化した情報の管理

(1) ISO 9001:2015 要求事項のポイントとその意図

7.5.1 一般

品質マネジメントシステムの文書又は記録には,次の事項を含む.

a) 規格が要求する文書及び記録

b) 組織が必要だと決定した,文書及び記録

■規格の意図の解説

“ベテラン”の組織を審査すると，必ず文書や記録の議論が生じてきます．

長年の活動，若しくは運用で文書が山のようにあり，定期的なレビューだけで多くの工数を要しています．よく受ける質問に，“文書を減らしたい，どうすればよいか？”があります．筆者は，“5年間改訂がない文書は廃棄したらどうですか．もし本当に必要な文書であれば蘇ってきますよ”と答えています．

文書作成の引金になるのが，“顧客から苦情があった”，“審査で指摘された”，これを受けて，安易（？）に手順書などを作成し，“本手順書に基づいて担当者に手順を教育した．以上，是正処置終了”，結果として，あまり役に立たない文書が散見されます．

何でもそうだと思いますが，“シンプル イズ ベスト”です．必要最小限の文書及び記録が望ましいと感じます．

7.5.2　作成及び更新

> 文書及び記録を作成及び更新する際は，次の事項を確実に行う．
>
> a)　適切な識別（例：タイトル）
>
> b)　適切な形式（例：言語，ソフトウェアの版）及び媒体（例：紙，電子媒体）
>
> c)　適切なレビュー及び承認

■規格の意図の解説

文書及び記録の作成及び更新には，上記a)～c)を含みつつ，組織のルールを決めて，管理し，文書管理規定や記録管理規定を定めて，運用していることでしょう．

7.5.3 文書化した情報の管理

7.5.3.1

> 管理対象の文書及び記録は次の事項を確実に行う.
>
> a) 必要なときに，必要なところで，入手可能かつ利用に適した状態である.
>
> b) 喪失することのないように，保護されている.

7.5.3.2

> 1) 管理対象の文書及び記録は，該当する場合，次の管理を行う.
>
>   a) 配付，アクセス，検索及び利用
>
>   b) 読みやすさの維持を含んだ保管及び保存
>
>   c) 版等の変更管理
>
>   d) 保持及び廃棄
>
> 2) 必要と決定した外部からの文書及び記録は，必要に応じて識別し，管理する.

■規格の意図の解説

この要求事項も，おそらく，文書管理規定や記録管理規定において，管理のプロセスを定めて運用されていることでしょう.

ところで，外部文書について，審査で時折見かけるのが，ISO 9001（JIS Q 9001）の規格票を外部文書として位置付けていることです．これは何か意味があるのでしょうか.

顧客支給の図面に基づいて，加工・組立を行っているのであれば，その図面は外部文書として位置付けて，最新版の識別や版の変更管理・保持・廃棄の管理が必要でしょう．しかし，規格票を管理対象の外部文書として位置付けて

も，あまり意味を感じませんでした．

(2) ISO 14001:2015 要求事項のポイントとその意図

7.5.1　一般

> 環境マネジメントシステムの文書及び記録には，次の事項を含む．
> a）規格が要求する文書及び記録
> b）組織が必要であると決めた文書及び記録

■規格の意図の解説

ISO 9001:2015 と同様の要求事項です．

EMS も必要な文書及び記録は何かを考えるよい機会だと認識しています．最近は少なくなりましたが，“省エネ手順書”があり，その内容を確認すると，

・空調の設定温度は，夏場○℃，冬場○℃

・昼休みの消灯をチェックする　など

わざわざ手順書まで作成する必要があるのでしょうか．“夏場○℃”であれば，空調機器の温度設定パネルの脇にラベルを貼ることで十分でしょう．

また，ある“省資源手順書”には，裏紙の使用や縮小コピーの推奨などが記載されていました．これもわざわざ手順書まで作成する必要があるのでしょうか．

ISO 14001:2015 の“8.1 運用の計画及び管理”では，“プロセスが計画どおりに実施されたという確信をもつために必要な程度の，文書化した情報を維持する”ことを要求しています．これは，あくまで，“必要な程度の”文書化です．

ただし，どこまでを“必要な程度の”と考えるかは組織の判断です．

7.5.2　作成及び更新

> 文書及び記録を作成及び更新する際は，次の事項を確実に行う．
>
> a)　適切な識別（例：タイトル）
>
> b)　適切な形式（例：言語，ソフトウェアの版）及び媒体（例：紙，電子媒体）
>
> c)　適切なレビュー及び承認

■規格の意図の解説

ISO 9001:2015 と全く同様の要求事項です．

7.5.3　文書化した情報の管理

> 1)　管理対象の文書及び記録は，次の事項を確実に行う．
>
> a)　必要なときに，必要なところで，入手可能，かつ，利用に適した状態にする．
>
> b)　喪失することのないように，保護されている．
>
> 2)　管理対象の文書及び記録は，該当する場合，次の管理を行う．
>
> ・配付，アクセス，検索及び利用
>
> ・読みやすさの維持を含んだ保管及び保存
>
> ・版等の変更管理
>
> ・保持及び廃棄
>
> 3)　必要と決定した外部からの文書は，必要に応じて識別し，管理する．

■規格の意図の解説

この要求事項も ISO 9001:2015 と全く同じです．QMS と同様に，おそらく，文書管理規定や記録管理規定において，管理のプロセスを定めていることでしょう．

(3)　QMS・EMS の統合について

文書及び記録の管理の要求事項であり，経営システムとの直接な関係・統合はありません．経営に関与する文書類まで，ISO マネジメントシステムの文書管理規定や記録管理規定で運用する統合もありますが，機密扱いの文書が多くあるため，情報漏洩のリスクを懸念します．

(4)　Q・E 統合マネジメントシステムの事例

経営に関与する文書類を ISO マネジメントシステムの文書管理規定や記録管理規定で運用する統合の事例は，確認したことがありません．

(5)　マニュアル等への記述事例

既存の文書管理規定や記録管理規定の仕組みに問題がなければ，マニュアルで引用できます．ただし，次の課題があれば，せっかくの機会なので，改善につなげることが望ましいでしょう．

・文書及び記録の管理プロセスの簡素化（複雑な付番の簡素化）
・不要と判断した文書及び記録の削除（管理対象からの削除）

8　運用

“8運用”については，ISO 9001:2015には8.1から8.7があり，ISO 14001:2015には8.1と8.2があります．また，同じ8.1と8.2でも，ISO 9001:2015とISO 14001:2015とでは，要求事項の内容が全く違います．これまでの説明のように，QとEをまとめると理解が難しくなると思われますので，ここでは，8.1と8.2については，ISO 9001:2015には“(Q)”，ISO 14001:2015には“(E)”を付して，次のように区分して解説します．

8.1（Q）　運用の計画及び管理
8.2（Q）　製品及びサービスに関する要求事項
8.3　製品及びサービスの設計・開発
8.4　外部から提供されるプロセス，製品及びサービスの管理
8.5　製造及びサービス提供
8.6　製品及びサービスのリリース
8.7　不適合なアウトプットの管理
8.1（E）　運用の計画及び管理
8.2（E）　緊急事態への準備及び対応

8.1（Q）　運用の計画及び管理　　ISO 9001:2015

（1）　ISO 9001:2015要求事項のポイントとその意図

1）　次の事項を実施する．
- a）　製品及びサービスに関する要求事項の明確化
- b）　プロセスの基準，製品及びサービスの合否判定基準の設定
- c）　必要な資源の明確化
- d）　b)の基準に従った管理
- e）　必要に応じて文書化，若しくは記録化

2） 計画した変更を管理し，意図しない変更に対して必要な処置を行う．
3） 外部委託したプロセスの管理を着実に行う．

■規格の意図の解説

実際の運用は“8.2 製品及びサービスに関する要求事項”以降です．ここでは，製品及びサービスの提供に関して，必要なプロセスを計画し，実施し，管理することが求められています．

① 必要なプロセスとその内容を決める．例えば，
・プロセス（仕事）とその順序・組合せ
例：営業～契約～生産計画～購買～生産～検証～引渡し～引渡し後の活動
・設備，要員，方法，材料，監視・測定など

② 決めたことの伝達・周知
・QC 工程表，作業標準
・検査規格書など

③ 計画した変更はそれなりに対応します．意図しない変更があった場合，変更に伴うリスクの低減が必要となります．

④ 外部委託先の管理は“8.4 外部から提供されるプロセス，製品及びサービスの管理”で扱います．

（2） ISO 14001:2015 要求事項のポイントとその意図

該当する要求事項はありません．

（3） QMS・EMS の統合について

要求事項を満たした製品及びサービスの提供に関する必要なプロセスの計画は，従来から相応に実施されているはずです．経営に直接関与するのは，リスク及び機会へ取り組むプロセスになりますが，ISO 9001:2015 の“6.1.2”で対応すると決めたリスク及び機会へどのように取り組むかを決めます．

リスク及び機会そのものが，いかに経営に関与するものを特定するかが鍵となります．

(4)　Q･E 統合マネジメントシステムの事例

あくまでも運用の計画及び管理であり，上述のとおり，経営に関与するリスク及び機会を特定するかが鍵です．そして，その対応の進捗管理を経営システム（経営会議など）で，どのようにフォローしていくかです．事例に関しては，今後の各社のリスク及び機会への取組みを注視していきます．

(5)　マニュアル等への記述事例

1)　製品及びサービスを提供するプロセスを次に定める．

　図○　プロセスフローチャート

2)　リスク及び機会への取組み

　取り組む必要があるリスク及び機会へ取り組む計画は 6.1.4 に定める．

3)　品質目標への取組み

　品質目標へ取り組む計画を“6.2 品質／環境目標及びそれを達成するための計画策定”に定める．

4)　意図しない変更

　意図しない変更を行う場合，変更に伴うリスクを可能な限り軽減する．

上記 1)のプロセスフローチャートについては，必要なプロセス（仕事）とその順序・つながりを示し，必要な 4M 又は 5M を定めた図や品質保証体系図など，特に問題がなければ，過去に作成されたものを利用してもよいでしょう．

8.2（Q） 製品及びサービスに関する要求事項 ISO 9001:2015

（1） ISO 9001:2015 要求事項のポイントとその意図

“8.2 製品及びサービスに関する要求事項”は，次の四つの箇条です.

8.2.1 顧客とのコミュニケーション

8.2.2 製品及びサービスに関する要求事項の明確化

8.2.3 製品及びサービスに関する要求事項のレビュー

8.2.4 製品及びサービスに関する要求事項の変更

8.2.1 顧客とのコミュニケーション

次の事項に関して，顧客とのコミュニケーションのプロセスを決めて，運用する.

a） 製品及びサービスに関する情報の提供

b） 引合い，契約又は注文の処理，また，その変更処理

c） 顧客からの苦情，提案，調査依頼等

d） 顧客の所有物の取扱い又は管理

e） 関連する場合には，不測の事態に関する特定の要求事項

■規格の意図の解説

上記 a)～e)のコミュニケーションは，“7.4 コミュニケーション”で定めたとおり，表 2（74 ページ）の表中の区分（担当，時期，対象，区分）に従って，整理するとよいのではないでしょうか.

なお，e)については，例えば，建設業の場合，夏場は台風の影響を受けやすくなります．台風が接近した際の建設現場の養生や，台風一過の被害状況の“報・連・相”など，不測の事態に遭遇した場合，どのように顧客へコミュニケーションするかという要求事項があれば，そのプロセスも定める必要があります．台風を不測の事態といってよいか意見が分かれますが，EMS の緊急事

態に近いイメージで考えてみてください．

8.2.2　製品及びサービスに関する要求事項の明確化

> 次の事項を確実にしたうえで，顧客に提供する製品及びサービスに関する要求事項を明確にする．
>
> a)　適用される法令・規制要求事項や組織が必要と判断したものを含めて，製品及びサービスの要求事項を定めている．
>
> b)　提供する製品及びサービスに関して主張していることを満たす．

■規格の意図の解説

8.2.2の要求事項の意図は，“正式な引合い前（仕様確定前）の段階の活動”です．例えば，

①　市場型商品であれば，マーケティング～新商品企画まで

②　提案営業であれば，提案書作成やPR資料作成まで

を指します．

仕様確定前の段階であり，要求事項は概略的となります．

上記b)の“主張”については，原文では，“claims”であり，“事実であることの主張”を意味しています．簡単にいうと，“実現可能なことを顧客に主張しなさい”“できもしないことを顧客に主張してはいけません”という，ごくあたりまえのことです．納期順守の実力もないのに“当社は受注後，翌日納品”などとうたってはいけないことを要求しています．

8.2.3　製品及びサービスに関する要求事項のレビュー

> 1)　製品及びサービスに関する要求事項を満たす能力をもつ．製品及びサービスを顧客に提供することをコミットメントする前に，次の事項も含めてレビューする．

a) 引渡し及び引渡し後の活動を含めた顧客の要求事項
b) 顧客が明示してはいないが，顧客にとって常識的な要求事項
c) 組織が規定した要求事項
d) 製品及びサービスに適用される法令・規制要求事項
e) 以前に提示された内容とは違う，契約又は注文の要求事項

2) 顧客が要求事項を口頭で示す場合には，それを受諾する前に確認をとる．
3) レビューの結果と製品及びサービスに関する新たな要求事項は，必要に応じて記録する．

■規格の意図の解説

この要求事項の冒頭にある“コミットメント”とは，提案書の提出，契約又は注文の受諾，契約又は注文への変更の受諾を指します．

8.2.3 は，正式な引合い後の活動に関する要求事項です．比較的わかりやすい要求事項ですが，次の 2 点を解説します．

まず，上記 1)の b)の“顧客が明示してはいないが，顧客にとって常識的な要求事項”です．これは，ホテルのサービスを想像してください．筆者（顧客）がホテルを予約するとき，宿泊可能日や禁煙，朝食の有無などはウェブサイトなどで確認しますが，部屋の明るさや空調の有無までは示されておらず，わかりません．しかしながら，ほどよい照度と温湿度を期待しています．いわゆる“言わなくてもわかるでしょう”という要求事項です．

次に，2)の“顧客が要求事項を口頭で示す場合には，それを受諾する前に確認をとる”は，サービス業によく見られます．レストランでの注文は，お客さんが自分で紙に書いて渡すのでなく，口頭で店員に伝えます．店員は，“カレーライス二つ，オムライス二つ，以上でよろしいでしょうか”と復唱します．これが“受諾する前の確認”です．

8.2.4　製品及びサービスに関する要求事項の変更

製品及びサービスに関する要求事項が変更されたときは，“関連する文書を変更する”．また，“変更後の要求事項を関連する人々に周知する”．

■規格の意図の解説

変更に関する要求事項です．これまでの経験から，何か不都合が起こるのは，概ね変更時です．よく耳にするのが，“聞いてなかった”“そのような変更とは知らなかった”“変更内容を誤解していた”などです．

“ボタンの掛け違い”が起こらないように，いかに関係者に的確な内容を周知させることができるか，その仕組みが大事です．

(2)　ISO 14001:2015 要求事項のポイントとその意図

該当する要求事項はありません．

(3)　QMS・EMS の統合について

ISO 14001:2015 の要求事項がないため，ここでは，QMS と経営システムの関係を考えます．

経営と密接な関係にあるのが“8.2.2 製品及びサービスに関する要求事項の明確化”でしょう．8.2.2 は“正式な引合い前（仕様確定前）の段階の活動”に対する要求事項です．8.2.2 の解説で述べたとおり，例えば，

①　市場型商品であれば，マーケティング～新商品企画まで

②　提案営業であれば，提案書作成や PR 資料作成まで

を指します．

マーケティング～新商品企画は，部門又は担当者任せではないはずです．

組織の中・長期的なビジネスプランとも関係します．必ずや，何らかの会議体又は打合せで経営層が関与しています．その仕組みも含めて QMS と統合できたら望ましい姿でしょう．

(4) Q･E 統合マネジメントシステムの事例

中・長期的なビジネスプランをQ･E統合マネジメントシステムに統合している組織はまだ少ないのが現状です.

(5) マニュアル等への記述事例

8.2.1 顧客とのコミュニケーション

次の事項に関して，顧客とのコミュニケーションを次の表3に定める.

a) 製品及びサービスに関する情報の提供

b) 引合い，契約又は注文の処理，また，その変更処理

c) 顧客からの苦情や提案，調査依頼など

d) 顧客の所有物の取扱い又は管理

e) 関連する場合には，不測の事態に関する特定の要求事項

表 3 顧客とのコミュニケーション

	内 容	Q/E	担当	時期	対象	方法	備考
顧客とのコミュニケーション	製品及びサービスの情報提供	Q					
	引合い，契約又は注文の処理，また，その変更処理	Q					
	顧客からの苦情や提案，調査依頼など	Q					
	顧客の所有物の取扱い又は管理	Q					
	不測の事態	Q					

8.2.2 製品及びサービスに関する要求事項の明確化

適用される法令・規制要求事項や組織が必要と判断したものを含めて，製品及びサービスの要求事項を定める.

a）市場型商品であれば，マーケティング～新商品企画までを次のプロセスで決定し，レビューを○○会議で行う．

　プロセス：……

b）提案営業であれば，提案書作成やPR資料作成までを次のプロセスで決定し，レビューを○○会議で行う．

　プロセス：……

8.2.3　製品及びサービスに関する要求事項のレビュー

　製品及びサービスを顧客に提供することを契約する前に，次の事項をレビューする．

a）引渡し及び引渡し後の活動を含めた顧客の要求事項

b）顧客が明示していないが，顧客にとって常識的な要求事項

c）組織が規定した要求事項

d）製品及びサービスに適用される法令・規制要求事項

e）以前に提示された内容とは違う，契約又は注文の要求事項

　顧客が要求事項を口頭で示す場合には，それを受諾する前に確認をとる．

　レビューの結果と製品及びサービスに関する新たな要求事項は，必要に応じて記録する．

8.2.4　製品及びサービスに関する要求事項の変更

　製品及びサービスに関する要求事項が変更されたときは，関連する文書を変更し，変更後の要求事項を関連する者に周知する．

8.3 製品及びサービスの設計・開発　ISO 9001:2015

ISO 14001:2015には，8.3は規定されていません．ISO 9001:2015の8.3は，次の8.3.1から8.3.6があります．

8.3.1　一般

8.3.2　設計・開発の計画

8.3.3　設計・開発へのインプット

8.3.4　設計・開発の管理

8.3.5　設計・開発からのアウトプット

8.3.6　設計・開発の変更

設計・開発プロセスの要求事項の大きな変更点は次の点です．

ISO 9001:2008では，一律の計画策定を求めていました（規格の意図は，そうではないようですが，要求事項の内容・構成からそのような解釈もありました）．

難易度が高い案件も，簡易なマイナーチェンジも，一律に，設計・開発の段階やレビュー，検証，妥当性確認，責任及び権限などを織り込んだ計画を策定し，必要に応じて更新するという要求事項と解釈していた人が大半でした．

今回，“8.3.2 設計・開発の計画”では，a)～j)を考慮し，管理することを要求しています．すなわち，設計・開発の難易度に応じた管理です．簡単な案件は簡易な管理を，複雑な案件は相応に詳細な管理を行うことを要求しています．

また，計画の策定・更新は求めていません．a)～j)を考慮し，管理することを要求しています．実態に合った要求事項です．

(1) ISO 9001:2015 要求事項のポイントとその意図

8.3.1 一般

設計・開発プロセスの確立・実施・維持する．

■規格の意図の解説

上記の要求事項のとおりです．“設計・開発の一連のプロセスの確立・実施・維持”です．

8.3.2　設計・開発の計画

次の事項を考慮し，設計・開発の段階をどのように管理するかを決定する．

a)　設計・開発活動の性質，期間及び複雑さ

b)　レビュー

c)　検証及び妥当性確認

d)　責任及び権限

e)　必要な内部及び外部の資源

f)　関与する部門又は人々のインタフェースの管理

g)　顧客及びユーザの参画

h)　製品及びサービスの提供に関する要求事項

i)　利害関係者が期待する設計・開発プロセスの管理レベル

j)　設計・開発の要求事項を満たしていることを実証するために必要な文書又は記録

■規格の意図の解説

上記のとおり，a)～j)を考慮し，設計・開発プロセスを管理することを要求しています．設計・開発案件の難易度などを考慮し，管理してください．

設計・開発の計画を立てるまでもない案件も多々あります．一方，フェーズ1，フェーズ2，…と緻密な計画を立てる案件もあります．設計・開発案件に応じた計画策定を要求しています．

8.3.3 設計・開発へのインプット

1) 次の事項を考慮し，設計・開発のインプットを明確にする．
   a) 機能及びパフォーマンスに関する要求事項
   b) 以前の類似情報
   c) 法令・規制要求事項
   d) 組織が順守を約束している標準又は規範
   e) 製品及びサービスの性質に起因する失敗により起こり得る結果
2) インプットに関する情報を記録する．

■規格の意図の解説

上記 d)は，公的な規格，業界の規約・技術基準などが該当します．

e)は，リスクに関連する要求事項です．例えば，携帯電話は緊急に応じて，雨天で使用する場合もあります．その場合，使用できないリスクも生じます．

そのようなリスクを考慮することもインプット情報ととらえてください．

8.3.4 設計・開発の管理

次の事項を確実に実施するために，設計・開発プロセスを管理する．

a) 設計・開発で何を達成するのか，その結果を定める．
b) レビューを行う．
c) 検証を行う．
d) 妥当性確認を行う．
e) レビュー，検証，妥当性確認で明確になった課題に対して処置をとる．
f) これらの活動の結果を記録する．

■**規格の意図の解説**

レビュー，検証，妥当性確認の関連性を次の図 2.1 に示します．

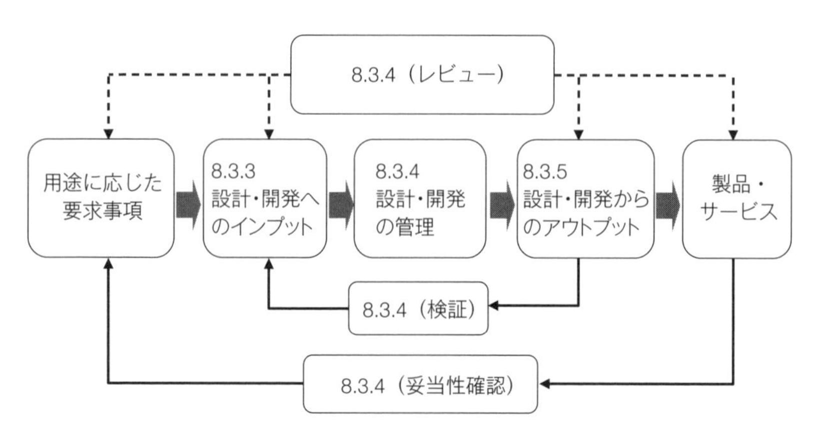

図 2.1　レビュー，検証，妥当性確認の関連性

レビュー，検証，妥当性確認をどのように解釈するか，各社各様の解釈があることを審査を通じて感じています．以下は，あくまでも一般論です．

例えば，自動車の設計・開発を行うとします．顧客は，一般の消費者ですから，“用途に応じた要求事項”は，かなり大雑把でしょう．“安くて，燃費がよくて，デザインが斬新な自動車がいい”，ただこれだけでは設計・開発はできません．

より具体的なインプットが必要です．販売価格は 100 万円とする，そのためには製造原価を○○万円とする，燃費は○ km/l とするなど，具体的なインプットを決めて，設計・開発に取り組みます．もちろん，乗用車の設計・開発ですから，フェーズ 1，フェーズ 2，…と相応に複雑なプロセスとなるでしょう．適宜，レビューが実施されます．アウトプットとしては，図面や試作車があります．試作車を走らせて，燃費が目標どおりか，図面から部品などを拾い出し，予定どおりの製造原価であるか，アウトプットがインプットを満たすか否かの確認が検証です．

検証が終了すると，初期流動管理を踏まえ，徐々に量産に移行します．設計・開発した乗用車を市場にリリースし，購入を検討又は希望している消費者の要求事項を満たしているか否かの確認が妥当性確認だと考えることもできます．

8.3.5　設計・開発からのアウトプット

1)　設計・開発からのアウトプットは，次のとおりである．
  a)　インプットの要求事項を満たす．
  b)　製品やサービスを提供するプロセスのことを考えた設計・開発のアウトプットである．
  c)　必要に応じて，監視・測定の要求事項，並びに合否判定基準を含むか，又は参照する．
  d)　意図した目的並びに安全な使用に不可欠な製品及びサービスの特性を規定
2)　設計・開発のアウトプットは記録する．

■規格の意図の解説

上記の要求事項のとおりです．解説する事項は，特にありません．

8.3.6　設計・開発の変更

1)　必要な程度まで，設計・開発プロセスで行われた変更を識別し，レビューし，管理する．
2)　次の事項を記録する．
  a)　設計・開発の変更
  b)　レビューの結果
  c)　変更の許可
  d)　悪影響を防止するための処置

■規格の意図の解説

あくまでも“必要な程度まで”です．設計・開発を行ううえで小変更は随時生じます．少なくとも関係者に周知が必要，かつ，レビューなどの管理が必要であると評価した変更が生じた場合には，上記の管理を実施し，記録します．

これまでの筆者の経験から，変更時に問題が生じることが多くあります．変更管理の重要性を十分に認識してください．

(2) ISO 14001:2015 要求事項のポイントとその意図

該当する要求事項はありません．

(3) QMS・EMS の統合について

ISO 14001:2015 の要求事項がないため，ここでは，QMS と経営システムの関係を考えます．

経営システムとの関係・統合については，“設計・開発のテーマをどのように決めるか”ということでしょう．限られた期間，限られた人員など，制約条件が多い中，どのテーマに取り組むか，そこは経営判断です．おそらく，経営層も参画する開発会議などで，市場調査などの結果を踏まえて，どのテーマを取り上げるか，いつまでにリリースするかなどを決定し，開発中のテーマの進捗フォローも実施されています．

設計・開発には，多大な費用・時間を要します．リリースした製品及びサービスで投資を回収しなければなりません．そのような機能は，既存の仕組みとして構築し，運用していることでしょう．そのような機能を QMS に統合できれば望ましいでしょう．

(4) Q・E 統合マネジメントシステムの事例

上記の仕組みを QMS に取り込んでいる組織もあれば，次の環境配慮を Q・E 統合している組織もあります．

Q・E 統合という観点から，“8.3.3 設計・開発へのインプット”に，環境配慮を考慮します．例えば，次の事項が考えられます．

① 特定の有害物質が未含有

② 軽量化

③ ロングライフ化

④ リユース又はリサイクルを考慮

(5) マニュアル等への記述事例

8.3.1 一般（設計・開発プロセス）

設計・開発の一連のプロセスを図○に定める（テーマの選定からリリース後の投資回収評価までのプロセスを定める）．

8.3.2 設計・開発の計画

案件を評価し，ランクを決めて，…を管理する．

ランク A：所定の計画を策定

ランク B：簡易な計画を策定

ランク C：計画なし（週礼でフォロー）

ランク A 及びランク B の所定の計画には，次の事項を考慮する．

a) 設計・開発の性質，期間及び複雑さ

b) レビュー

…

8.3.3 設計・開発へのインプット

次の事項を考慮し，設計・開発のインプットを明確にし，記録する．

a）　機能及びパフォーマンスに関する要求事項
b）　以前の類似情報
c）　法令・規制要求事項
d）　組織が順守を約束している標準又は規範
e）　製品及びサービスの性質に起因する失敗の起こり得る結果
f）　環境配慮事項

8.3.4　設計・開発の管理

8.3.2（設計・開発の計画）の計画に基づき，設計・開発プロセスを管理する．

定めた計画どおりにレビュー，検証，妥当性確認を行い，そこで明確になった課題に対して処置をとり，これらの活動の結果を記録する．

8.3.5　設計・開発からのアウトプット

設計・開発からのアウトプットは，次のとおりとし，これらを記録する．

a）　インプットの要求事項を満たす．
b）　製品の製造を行うことやサービスを提供するプロセスのことを考えた設計・開発のアウトプットである．
c）　必要に応じて，監視・測定の要求事項，並びに合否判定基準を含むか，又は参照する．
d）　意図した目的並びに安全な使用に不可欠な製品及びサービスの特性を規定する．

8.3.6 設計・開発の変更

> 設計・開発プロセスで変更を行った場合には，次の事項を記録する．
> a) 設計・開発の変更内容
> b) レビューの結果
> c) 変更の許可
> d) 悪影響を防止するための処置

8.4 外部から提供されるプロセス，製品及びサービスの管理

ISO 9001:2015

ISO 14001:2015 には，8.4 は規定されていません．ISO 9001:2015 の 8.4 では，次の三つの箇条があります．

8.4.1 一般

8.4.2 管理の方式及び程度

8.4.3 外部提供者に対する情報

8.4 は，ISO 9001:2008 の 7.4（購買）に相当する要求事項です．

(1) ISO 9001:2015 要求事項のポイントとその意図

8.4.1 一般

> 1) 外部から提供されるプロセス，製品及びサービスが，要求事項に適合していることを確実にする．
> 2) 次の事項に該当する場合は，外部から提供されるプロセス，製品及びサービスに適用する管理を決定する．
>   a) 外部からの製品及びサービスを組織の製品及びサービスに組み込む場合

b)　外部提供者から製品及びサービスを直接顧客に提供する場合

c)　プロセス又はプロセスの一部が，外部提供者から提供される場合

3)　外部提供者の評価，選択，パフォーマンスの監視，基準を定めて，再評価を行う．これらの活動及び必要な処置の記録を残す．

■規格の意図の解説

上記2)のa)は製品及びサービスの購入や手配を指します．b)，c)は外部委託です．

a)～c)に適用する管理を決めて，運用します．

どこまで踏み込んで管理するか，又は管理できるかは組織の力量や，外部提供者とのパワーバランス，提供を受ける製品及びサービスの品質に与える影響の重要性から決まります．実態にあわせて管理の方法を決めてください．

外部提供者の評価，選択，再評価については，これまでのISO審査を通じて，取引開始時の初期評価は，どの組織も問題なく，有効に機能していると評価しています．

しかしながら，再評価プロセスの形骸化を強く感じています．

筆者は毎年数十社の再評価を行っています．その結果，何も問題なく，単なる再評価の結果のみで終わっている組織も多くありました．何かISOのためだけの作業のように感じます．

組織の実態としては，外部提供者の製品などに問題が生じたとき，迅速に処置を行い，必要に応じて外部提供者の工場まで出向き，是正処置の有効性を確認し，今後の取引継続の可否を判断しています．また，適宜，コストダウンの交渉も行っています．コストの折り合いがどうしてもつかない場合には，取引停止もあるでしょう．そのような，実態に合った仕組みの構築・運用をこれからも目指しましょう．

8.4.2 管理の方式及び程度

1) 外部から提供されるプロセス，製品及びサービスが，適合した製品及びサービスを顧客に提供する組織の能力に悪影響を与えない．

2) 次の事項を行う．

a) 外部から提供されるプロセスを組織の品質マネジメントシステムの管理下にとどめる．

b) 外部提供者に適用するための管理，及びそのアウトプットに適用するための管理を定める．

c) 次の事項を考慮に入れる．

① 外部から提供されるプロセス，製品及びサービスが，組織の能力に与える潜在的な影響

② 外部提供者が適用する管理の有効性

d) 外部から提供されるプロセス，製品及びサービスが要求事項を満たしていることを確実にするために必要な検証又はその他の活動の明確化

■規格の意図の解説

上記 2)の b)では，次の二つの事項の管理を要求しています．

・外部提供者に適用するための管理

・アウトプットに適用するための管理

外部提供者に適用するための管理は，例えば，日報や月報を提出させることも管理の一つでしょうし，サプライヤー監査（第二者監査）の実施もあります．提供される製品及びサービスの品質への影響度合いや外部提供者の力量，外部提供者と組織のパワーバランスによって，管理の程度が決まります．

アウトプットとは，製品及びサービスを指します．これに適用するための管理とは，受入検査が該当します．もちろん何らかの工程保証でアウトプットの質が保証できる場合には，受入検査なしということもあります．

8.4.3 外部提供者に対する情報

1) 外部提供者に伝達する前に，要求事項が妥当であることを確実にする.
2) 次の要求事項を外部提供者に伝達する.
   a) 提供されるプロセス，製品及びサービス
   b) 次の事項について承認する.
      ① 製品及びサービス
      ② 方法，プロセス及び設備
      ③ 製品及びサービスのリリース
   c) 人々の力量
   d) 組織と外部提供者との相互作用
   e) 組織が適用する，外部提供者のパフォーマンスの管理及び監視
   f) 組織又はその顧客が外部提供者の施設で実施する検証又は妥当性確認活動

■規格の意図の解説

外部提供者に発注する場合には，注文書や要求伝票，発注書など，組織によって呼び名は違いますが，注文書を発行します.

そこに，上記2)のa)〜f)の内容を記し，伝達するという要求事項については，実際には，a)〜f)のすべてを注文書に記載することはありません. 規格では，“外部提供者に伝達する前に，要求事項が妥当であることを確実にすること”とあり，必要な要求事項，例えば，物品購入の場合には，品名（型番）や個数，金額，希望納期などが妥当であると判断し，その要求事項を伝達しています.

(2) ISO 14001:2015 要求事項のポイントとその意図

該当する要求事項はありません.

(3) QMS・EMSの統合について

ISO 14001:2015の要求事項がないため，ここでは，QMSと経営システムの関係を考えます．

外部提供者と“Win-Winの関係”（双方にとってメリットのある良好な関係）を築くことが経営に大きく影響します．QMSと経営システムの関係・統合の観点から次の3点を記述します．

① 外部提供者の再評価の仕組み

再評価の仕組みについて，次のような事例を散見します．

納期，価格，品質（受入検査不適合件数など），協力度などで点数評価を行い，A, B, C, Dのランクで格付けを行います．

AランクおよびBランクは取引継続，Cランクは取引継続を上長と相談・決定，Dランクは取引停止（一時停止を含む）と決めていますが，なかなかCランクやDランクの事例を目にしたことがありません．形式的な評価であり，評価工数がもったいないと感じています．

多くの組織において，納期を含めて，品質上の問題が生じた場合には，迅速な修正処置を行い，外部提供者に是正処置を求めて，その有効性を確認しています．その一連の結果を経営層に報告し，取引継続の可否判断を仰ぐのも経営に関係する仕組みだと認識しています．

② 購買方針

すべてのプロセス，製品及びサービスを自社のみでまかなうのは難しく，外部提供者の協力が相応に必要となっています．ビジネスパートナーとして一緒に成長したい外部提供者もいれば，将来を見据えて，育成していきたい外部提供者もいます．どのような購買戦略をとっていくか，例えば，マネジメントレビューなどを通じて，経営層から指示を受け，中・長期的な方針を目標管理に展開することが望ましいでしょう．

③ 過剰なコストダウン要求は控えたい

年度方針で“製造コスト○%削減”という目標を受けて，購買部門は購入単価の値下げ交渉を毎年行っています．外部提供者は毎年大変な思いで交渉に挑んでいます．一方的な値下げ交渉では，“Win-Winの関係”は築けません．外部提供者の“恨みを買う”のみです．二昔前は，“半値，八掛け，2割引”という，おそろしい言葉が通用していた業界もありました．

一般的に，外部提供者は弱い立場です．一方的なコストダウン要求ではなく，理論的な適正価格で交渉し，“Win-Winの関係”を築くことが望ましいでしょう．

(4) Q・E統合マネジメントシステムの事例

重要な主原料などを本社で集中購買化するという事例は多くありますが，残念ながら，購買プロセスにおいて，経営を含んだQ・E統合マネジメントシステムのよい事例に出会ったことがありません．前述も参考に，統合マネジメントシステムを検討してください．

(5) マニュアル等への記述事例

1） 外部提供者の評価
  a） 取引開始前の評価方法及び基準を…と定める．
  b） 次の事項が生じた場合に再評価を行い，取引の継続可否を判断する．
    外部提供者の責任による品質上の問題（QCDS）が生じたとき．
    なお，その一連の結果を経営層に報告し，取引継続の可否判断を仰ぐ．
2） 管理の方式及び程度
  a） 外部提供者に適用するための管理を…に定める．
  b） アウトプットに適用するための管理を…に定める．
  c） マネジメントレビューなどで受けた購買方針に沿って，活動及び運用を行う．

3) 外部提供者に対する情報

a) 初回取引の前に…を伝達し，契約する．

b) 初回の発注伝票には，次の要求事項を記述する．

…

c) 2 回目以降の発注伝票には，次の要求事項を記述する．

…

d) 外部提供者に伝達する前に，要求事項が妥当であることを上長は確認する．

8.5 製造及びサービス提供の管理 ISO 9001:2015

ISO 14001:2015 には，8.5 は規定されていません．ISO 9001:2015 の 8.5 は，8.5.1 から 8.5.5 があります．

8.5.1 製造及びサービス提供の管理

8.5.2 識別及びトレーサビリティ

8.5.3 顧客又は外部提供者の所有物

8.5.4 保存

8.5.5 引渡し後の活動

8.5.6 変更の管理

(1) ISO 9001:2015 要求事項のポイントとその意図

8.5.1 製造及びサービス提供の管理

1) 製造及びサービス提供を，管理された状態で実行する．

2) 管理された状態には，次の事項のうち，該当するものは必ず含める．

a) 次の文書及び記録を利用できるようにする．

① 製造する製品，提供するサービス，又は実施する活動の特性

② 達成すべき結果

b) 監視及び測定のための適切な資源を確保し，使用する．

c) プロセス又はアウトプットの管理基準，並びに製品及びサービスの合否判定基準を満たしているかの監視及び測定活動を実施する．

d) プロセスの運用に不可欠なインフラストラクチャ及び環境を使用する．

e) 力量を備えた人々を任命する．

f) プロセスの妥当性確認を行う．

g) ヒューマンエラーを防止するための処置を実施する．

h) リリース，顧客への引渡し及び引渡し後の活動を実施する．

■規格の意図の解説

上記2)のa)は，必要に応じて文書及び記録をとることです．

b)は，必要な資源（人，物，設備，資金など）を用意することです．

c)は，合否判定を含めた監視及び測定を行うことです．

d)は，必要なインフラ及び作業環境を確保することです．

e)は，必要な力量を保有した人々を配置することです．

f)のプロセスの妥当性確認については，アウトプットすべてが監視及び測定で検証できない場合に，プロセスの妥当性確認を行うことを要求しています．

例えば，ふぐ料理の提供というサービスにおいて，毒の有無を機械で測定し，評価するには，相当な時間を要し，素材の新鮮味が失われます．そこで，ふぐ料理というプロセスが間違いなく行われたという妥当性は，“調理師免許有資格，かつ，ふぐ取扱者資格をもつ調理人が調理する”ということで，プロセスの妥当性を確認できます．

g)は，ISO 9001:2015の新たな要求事項です．

ヒューマンエラーの防止は，製造及びサービス提供を行ううえで，永遠のテーマです．大変難しい要求事項です．次のような事項を検討してください．

あらかじめ，ヒューマンエラーが起こりそうなプロセスが予想できて，何らかの防止策をあらかじめ講じることができれば，すばらしい防止策です．

ヒューマンエラーが起こった場合や，エラーとまではいかなくても，ヒヤリ・ハットがあった場合に，再発防止策を議論・決定・フォローする場を設けることも一策です．また，品質・安全・環境パトロールなどで，ヒューマンエラーの種（たね）を検出する方法もあります．

立場の違う人たちがいろいろな角度から意見を出し合うことが重要です．

ヒューマンエラーが原因の是正処置報告書の是正処置欄に“注意徹底しました”“教育指導しました”のような記入をよく見かけますが，これではヒューマンエラーの再発防止にはつながりません．

h)のリリースとは，ISO 9000:2015 では，“プロセスの次の段階又は次のプロセスに進めることを認めること”とあります．したがって，工程間や顧客への引渡し及び引渡し後の活動を定めることを要求しています．

8.5.2　識別及びトレーサビリティ

1)　適切な手段を設けて，アウトプット(製品及びサービス)を識別する．
2)　アウトプットの状態を識別する．
3)　トレーサビリティが要求事項となっている場合には，追跡可能とする．また，追跡するために必要な記録をとる．

■規格の意図の解説

上記 1)はアウトプットの識別ですから，どの客先で，どの型番・型式であるかなどがわかることを要求しています．

2)は“状態”ですから，検査前なのか検査後なのか，検査合格なのか検査不合格なのか，それがわかるようにすることを要求しています．

3)は追跡可能であること，また，追跡するために必要な記録をとることを要求しています．

ここでの要求事項は，ISO 9001:2008 から変更ありません．

8.5.3　顧客又は外部提供者の所有物

1）顧客又は外部提供者の所有物について，組織の管理下又は使用中の場合は注意を払う．
2）顧客又は外部提供者の所有物の識別，検証，保護・防護を実施する．
3）顧客又は外部提供者の所有物を紛失，損傷，又は使用不可と判明した場合には，顧客又は外部提供者に報告し，記録する．

■規格の意図の解説

顧客の所有物の管理に関する要求事項はISO 9001:2008と同じです．今回，ISO 9001:2015で，新たな要求事項として追加になったのが，“外部提供者の所有物の管理”です．どのようなものが該当するのでしょうか．

例をあげると，“富山の置き薬です”と説明をしていたのですが，多くの若い人は，“富山の置き薬”を知らないようでした．

例えば，リースしているフォークリフトが該当します．所有権は，リース会社ですから，外部提供者の所有物です．また，半導体メーカーでは，オンサイトの薬品（例：酸やアルカリ）やガス（例：水素）のタンクが該当します．タンクそのものは薬品会社やガス会社の所有物です．使用した分の薬品やガスの対価を半導体メーカーに請求します．

このような，外部提供者の所有物も顧客の所有物と同様な管理が要求されています．

“どこまでを外部提供者の所有物として管理対象とするのですか”という質問をよく受けます．例えば，ファクシミリ機やコピー機はリース契約が多く見られます．

厳密に言うと，この場合のファクシミリ機やコピー機は，外部提供者の所有物ですが，顧客の所有物と同様な管理が必要でしょうか．ここでは，あくまでも，品質に影響を与える所有物が管理対象だととらえたほうが現実的な管理でしょう．

8.5.4 保存

> 製造及びサービス提供を行う間，要求事項への適合を図るために必要な程度に，アウトプット（製品及びサービス）を保存する．

■規格の意図の解説

製品に関しては，部品・原材料，中間品・完成品から消費者の手元に届くまで，製品の状態を良好に維持することを要求しています．

例えば，冷凍，若しくは冷蔵食品は，製造から消費者に届けるまで，適切な温度管理が必要になります．

それでは，サービスの保存はどのように考えればよいでしょうか．宅配などのサービスにおいては，配送先に届けるまで，中味も含め，外装の破損のないこと，冷凍，若しくは冷蔵食品であれば，一時保管を含めた輸送時の温度管理が保存に該当します．

8.5.5 引渡し後の活動

> 1) 製品及びサービスに関連する引渡し後の活動に関する要求事項を満たす．
> 2) 引渡し後の活動を決定するにあたり，次の事項を考慮する．
>   a) 法令・規制要求事項
>   b) 製品及びサービスに関連して起こり得る望ましくない結果
>   c) 製品及びサービスの性質，用途及び意図した耐用期間
>   d) 顧客要求事項
>   e) 顧客からのフィードバック

■規格の意図の解説

引渡し後の活動については，8.5.5 の注記に，“補償条項，メンテナンスサー

ビスのような契約義務，及びリサイクル又は最終廃棄のような付帯サービスの下での活動が含まれ得る”とあります．

一番多い事例はメンテナンスサービスです．○年定期点検の契約や修理の対応など，上記2)のa)～e)を考慮して，必要な仕組みを定めて，運用します．なお，b)は，リスク管理に関連する要求事項です．

8.5.6　変更の管理

1)　製造又はサービス提供に関する変更を，要求事項への適合を確実にするために必要な程度まで，レビューし，管理する．

2)　変更のレビューの結果，変更を正式に許可した人，及びレビューから生じた必要な処置を行った記録を残す．

■規格の意図の解説

ここでの“変更”は，製造及びサービス提供に関する変更を意味しています．“8.1 運用の計画及び管理”では，“計画した変更を管理し，意図しない変更に対して，必要な処置を行うこと”を要求しています．

計画した変更や，あらかじめ承知していた変更は，それなりに対応します．課題は，意図しない変更，例えば，“出社したら作業員の大半がインフルエンザで病欠”“昨夜の大雪でトラック便の出荷不能”など，意図しない変更に対して，どのように対応したのか，それをだれが正式に許可したのか，それらを記録することを求めています．

(2)　ISO 14001:2015 要求事項のポイントとその意図

該当する要求事項はありません．

(3)　QMS・EMS の統合について

“8.5 製造及びサービス提供”は，経営システムとの直接的な関与は薄く，製造及びサービス提供の，より具体的な要求事項です．

8.5.1 から 8.5.6 を確実に運用することが，経営に寄与することだと考えます．強いて述べるなら，この“8.5.6 変更の管理”です．ここは，製造及びサービス提供に関するリスク管理です．

意図しない変更といっても，製造（サービス提供）の現場は，大なり小なり，常に変更しています．組織の存亡にかかわるような大きな変更もあれば，職長クラスの判断で決めるような小変更もあります．どの内容であれば，だれが正式に許可するという基準を決めることができれば，望ましい仕組みといえます．

(4)　Q·E 統合マネジメントシステムの事例

ある一定規模以上の変更に対しては，事業継続マネジメント（BCM：Business Continuity Management），事業継続計画（BCP：Business Continuity Planning）の仕組みがあり，BCMS と統合することも一策です．

なお，BCM とは，リスクマネジメントの一つ（ISO 22301, Societal security—Business continuity managemant systems—Requirements）であり，企業がリスク発生時にいかに事業の継続を図り，取引先に対するサービスの提供の欠落を最小限にするかを目的とする経営手段です．できあがった成果物を BCP と呼びます．

BCMS と EMS を統合した組織はいくつかあります．

(5)　マニュアル等への記述事例

8.5.1　製造及びサービス提供の管理

1)　製造及びサービス提供の各プロセス及びそのフロー，必要な資源，合否判定基準などを QC 工程表に定める．
2)　必要なインフラストラクチャの維持管理を○○標準書に定める．
3)　必要な作業環境の維持管理を○○標準書に定める．

4)　必要な力量と力量保有者を○○リストに定める.
5)　ヒューマンエラーを防止するための処置を次に定める.
　a)　あらかじめ，ヒューマンエラーが起こりそうなプロセスを想定し，防止策を講じる.
　b)　ヒューマンエラーが起こった場合や，エラーとまではいかなくても，ヒヤリ・ハットがあった場合に，○○会議を活用し，再発防止策を議論・決定・フォローする.
　c)　品質・安全・環境パトロールなどで，ヒューマンエラーの種(たね)を検出し，○○会議を活用し，再発防止策を議論・決定・フォローする.

8.5.2　識別及びトレーサビリティ

1)　どの客先で，どの型番・型式であるかなどを製品カードに記し，製品とともに移動する.
2)　各検査終了後，製品カードにその旨を記載し，検査不適合の場合は，不適合品置場に移動する.
3)　各製品には，ロット番号を付番し，製品カードに記載する.
ロット番号で追跡が可能である.

8.5.3　顧客又は外部提供者の所有物

1)　管理対象の顧客の所有物を次に定める.
…
…
2)　管理対象の外部提供者の所有物を次に定める.
…

…

3)　顧客又は外部提供者の所有物の管理を○○手順書に定める.

…

…

8.5.4　保存

製品A群及び製品B群は, 防錆管理が必要な製品であり, 保存の手順・基準を○○手順書に定める.

8.5.5　引渡し後の活動

製品及びサービスに関連する引渡し後の活動には, 次のメンテナンスサービスがある.

1)　○年, △年ごとの定期点検サービス

2)　修理などの対応

以上の対応手順を○○手順書に定める.

8.5.6　変更の管理

製造又はサービス提供に関し, 意図しない変更が生じた場合, すべての変更情報を製造課長に報告する. 製造課長は, 変更内容を評価し, 次を行う.

1)　製造課内で処置できると判断した場合, 必要な処置を指示し, 一連の記録を製造日報に記録する.

2）経営層の判断を仰ぐ案件であると判断した場合，経営層に相談し，必要に応じて，事業継続マネジメント（BCM：Business Continuity Management）の手順（BCP）に基づいて，処置を行う．

8.6　製品及びサービスのリリース　　ISO 9001:2015

（1）ISO 9001:2015 要求事項のポイントとその意図

1）製品及びサービスが要求事項を満たしていることを検証するために，適切な段階において，計画した取決めを実施する．
2）問題なく完了するまでは，顧客へのリリースを行ってはならない．ただし，顧客が承認したときを除く．
3）当該権限をもつ者が承認し，かつ，次の記録を残す．
　a）合否判定基準への適合の証拠
　b）リリースの正式許可者に対するトレーサビリティ

■規格の意図の解説

上記1)は，適切な段階で製品及びサービスが要求事項を満たしているか否かを検証することと，各プロセスにおける，必要な工程内検査，工程間検査，出荷検査を行うことを要求しています．

2)は，特別採用（当該の権限をもつ者が承認し，かつ，顧客が承認したとき）を除き，検証を含めて，問題なく出荷準備が完了するまでは，顧客へのリリースを行ってはならないことを要求しています．

3)の記録については，a)は，検査結果表などの記録を残しておくことを求めています．b)は，従来は正式許可者が検査結果表などを確認したうえで，サイン，若しくは捺印をしていました．その方法でもかまいませんが，b)の意味するところは，例えば，半導体業界における装置による自動判定を意識しています．連続した測定・判定をしている装置から出力される検査結果表に，正式許可者がサイン，若しくは捺印をしなくても，正式許可者がその場にいて，その結果を確認したことがわかればよいという意味です．具体的には，出勤簿で出社が確認できる，より具体的なことでは，正式許可者の検査結果確認状況を録画する方法です．

ここまで実施すれば，トレーサビリティが完全に確認できます．

そこまでしなくても，従来どおり，正式許可者のサイン，若しくは捺印のほうが運用しやすいと考える組織が大半でした．

(2) ISO 14001:2015 要求事項のポイントとその意図

該当する要求事項はありません．

(3) QMS・EMS の統合について

ここは，製品及びサービスの監視及び測定の具体的な要求事項ですので，経営システムとの関係はほとんどありません．

(4) Q･E 統合マネジメントシステムの事例

上記(3)のとおり，経営システムとの関係が薄く，経営を含めた統合マネジメントシステムの事例はありません．

(5) マニュアル等への記述事例

多くの組織においては，従来から策定し，運用中の○○検査手順書や△△検査基準書などを整備しています．

マニュアル等への記述には，特に問題なければ，その手順・基準がそのまま流用できます．

8.7　不適合なアウトプットの管理　　ISO 9001:2015

ISO 14001:2015 には，8.7 は規定されていません．ISO 9001:2015 の 8.7 は，8.7.1 と 8.7.2 の，表題のない二つの箇条です．

8.7.1 は，不適合なアウトプットの管理に関する要求事項です．

8.7.2 は，不適合なアウトプットに管理にかかわる記録の要求事項です．

以下，8.7.1 と 8.7.2 をあわせて，8.7 として解説します．

（1）ISO 9001:2015 要求事項のポイントとその意図

1）不適合なアウトプット（製品及びサービス）の誤使用や誤った引渡しを防ぐために，識別し，管理する．

2）適切な処置をとる．これは，製品の引渡し後及びサービスの提供中又は提供後に検出された不適合も含む．

3）次の一つ以上の方法で，不適合なアウトプットを処理する．

　a）修正（手直し）

　b）製品及びサービスの分離，散逸防止，返却又は提供停止

　c）顧客への通知

　d）特別採用

　修正（手直し）を行ったときには，検証する．

4）次の記録を残す．

　a）不適合の内容

　b）とった処置

　c）取得した特別採用

　d）不適合に関する処置を決定した人

■規格の意図の解説

上記 1)は，不適合なアウトプットの誤使用などの防止のための識別，管理

を要求しています．多くの組織においては，不適合などの目立つ表示で識別し，隔離された不適合品置場に保管されています．

2)は，引渡し後のアウトプットも含めて，適切な処置をとることを要求しています．具体的な処置は3)から選択することになります．

3)については，一般的には次の手順で対応することになるでしょう．

・手直し（再加工）で対応できないか．

・グレード落ち（1級品でなく，2級品や3級品）で販売できないか．

・特別採用できないか．

・原材料としてリサイクルできないか．

・最後は，廃棄の選択肢を行う．

4)は，一連の記録を要求しています．

以上，一部細かい要求事項の追加［上記(1)の3)のc)，4)のd)］はありますが，ISO 9001:2008に比べて，ほとんど変更はありません．

(2)　ISO 14001:2015 要求事項のポイントとその意図

該当する要求事項はありません．

(3)　QMS・EMSの統合について

ここも，不適合なアウトプットの具体的な管理に関する要求事項であり，経営システムと関係はほとんどありません．

(4)　Q･E 統合マネジメントシステムの事例

経営との直接的な関係は薄く，経営を含めた統合マネジメントシステムの事例はありません．

(5)　マニュアル等への記述事例

多くの組織においては，従来から策定し，運用中の○○不適合対応手順書などを整備しています．マニュアル等への記述には，特に問題なければ，その手順書などがそのまま流用できます．

8.1（E） 運用の計画及び管理 ISO 14001:2015

（1） ISO 9001:2015 要求事項のポイントとその意図

該当する要求事項はありません．

（2） ISO 14001:2015 要求事項のポイントとその意図

ISO 14001:2015 の“8.1 運用の計画及び管理”は多くの要求事項があるため，次の五つに分けて解説します．

（a） 運用プロセスの計画
（b） 変更管理
（c） 外部委託したプロセスの管理
（d） ライフサイクル
（e） 文書及び記録

（a） 運用プロセスの計画

1） 次の二つの事項を実施する．
・プロセスに関する運用基準の設定
・その運用基準に従った，プロセスの管理の実施
2） その実施により，
a） 環境マネジメントシステム要求事項を満たす．
b） 6.1 及び 6.2 で特定した取組みを実施する．
a）及び b）に必要なプロセスを確立し，管理し，維持する．

■規格の意図の解説

EMS 要求事項を満たすため，“6.1 リスク及び機会への取組み”と“6.2 環境目標及びそれを達成するための計画策定”で特定した取組み（リスク及び機会，環境側面，順守義務，環境目標）を実施するために，“必要なプロセスを確立し，実施すること，そのプロセスの運用基準を設定し，管理すること”を要求しています．

具体的には，ISO 14001:2015 の“6.1.4 取組みの計画策定”において，“運用管理で維持する”と決めた，著しい環境側面やリスク及び機会などの運用の手順や基準などを設定し，管理することになります．例えば，次のようなことが考えられます．

① 著しい環境側面として“工場排水処理水”を特定し，“6.1.4 取組みの計画策定”の運用管理で維持すると決めたとします．そうであれば，排水処理プロセスの操作手順や監視方法，基準（法規制及び自主基準）を定めて，運用します．

② 目標に設定しても運用管理も必要な場合もあります．例えば，環境目標に“産廃削減”を設定し，削減活動を進める一方で，分別手順・基準を設けて，適切な運用管理を行う場合もあります．

(b) 変更管理

> 計画した変更を管理し，意図しない変更によって生じた結果をレビューし，必要に応じて，有害な環境影響の緩和処置をとる．

■規格の意図の解説

運用の段階で何か問題が起こったら，迅速に対応することを意図しています．

(c)　外部委託したプロセスの管理

> 外部委託したプロセスが管理されている，又は影響を及ぼされていることを確実にする．

■規格の意図の解説

外部委託したプロセスの管理を求めています．例えば，表面処理（めっき等）の外部委託などはよくあります．どこまで外部委託したプロセスを管理するかは組織が決めることです．管理の事例として，次があります．

① 新規外注先評価，継続取引の評価

② 契約時の納入，若しくは購入仕様書

③ サプライヤー監査（第二者監査），パトロール

これらは，ISO 9001:2015 の“8.4 外部から提供されるプロセス，製品及びサービスの管理”の“8.4.1 一般”の外部提供者の評価と関連させると統合が図れます．

(d)　ライフサイクル

> ライフサイクルの視点に従って，次の事項を行う．
>
> a）必要に応じて，製品又はサービスの設計・開発において，環境上の要求事項を取り込むことを確実にする．
>
> b）必要に応じて，製品又はサービスの調達に関する環境上の要求事項を決定する．
>
> c）外部提供者に対して，関連する環境情報を伝達する．
>
> d）製品及びサービスの配送（提供），使用，使用後の処理及び最終処分に伴う著しい環境側面に関する情報提供の必要性を考慮する．

■規格の意図の解説

上記 a)の具体的な事例として，環境配慮設計手順やデザインレビューでの環境配慮をレビューすることがあげられます．ISO 9001:2015 の“8.3 製品及びサービスの設計・開発”と統合ができます．

b)の具体的な事例として，有害物質の不使用や省エネタイプの要求などが該当します．

c)については，b)で環境上の要求事項を決定し，c)でそれを伝えるという考え方も一策でしょう．例えば，まず，b)で有害物質不使用の要求事項を決定し，c)で購入仕様書にその内容を詳細に記述し，外部提供者に伝えるという方法です．

もっとも，b), c)を抱き合わせて，環境上の要求事項を決定し，外部提供者に，ここでの情報を提供すると考えてもかまいません．

d)は，製品及びサービスの輸送又は配送，使用，使用後の処理及び最終処分における著しい環境側面に関する情報を提供する必要性を考慮します．

ここは，著しい環境側面に関する要求になります．提供すると決めた場合には，使用上の注意や廃棄時の注意をラベルや表示，使用マニュアルなどで提供します．

(e)　文書及び記録

必要な程度で文書化し，記録をとる．

■規格の意図の解説

あくまで“必要な程度まで”です．一度，運用管理手順書類を読み返し，必要性の是非を検討してみてはいかがでしょうか．

(3)　QMS・EMS の統合について

EMS の運用であり，経営システムと直接関係はありません．しかしながら，“環境”は，経営に不可欠な要素となりつつあります．

例えば，環境に配慮した設計・開発，使用上の利点（省エネなど）や注意点，廃棄時の注意点などは，顧客が期待している要素です．

また，QMSとの統合はいくつか考えられます．

① 外部委託したプロセスの管理の要求は，管理の事例として次があげられます．

・新規外注先の評価，継続取引の評価

・契約時の納入，若しくは購入仕様書

・サプライヤー監査（第二者監査），パトロール

これらは，ISO 9001:2015の“8.4 外部から提供されるプロセス，製品及びサービスの管理”の“8.4.1 一般”の利害関係者の評価に関連させると統合が図れます．

② 必要に応じて，製品又はサービスの設計・開発において，環境上の要求事項を取り込むことの要求は，環境配慮設計手順やデザインレビューでの環境配慮をレビューすることをISO 9001:2015の“8.3 製品及びサービスの設計・開発”に統合できます．

③ 必要に応じて，製品又はサービスの調達に関する環境上の要求事項を決定します．また，外部提供者に対して，関連する環境情報を伝達します．

この③の要求事項は，ISO 9001:2015の“8.4.3 外部提供者に対する情報”に統合できます．

(4) Q・E統合マネジメントシステムの事例

上記(3)の①～③に述べたことは，実際の審査の中でよく見かける事例で，Q・E統合マネジメントシステムの事例となります．

(5) マニュアル等への記述事例

1) ISO 14001:2015の“6.1.4 取組みの計画策定”において，“運用管理

で維持する”と決めた，著しい環境側面やリスク及び機会などの運用基準を設定し，管理する．

2) 運用の段階で何らかの問題が起こった場合，迅速に対応する．必要に応じて是正処置を行う．

3) 外部委託したプロセスの管理は，次に含める．

ISO 9001:2015 の“8.4 外部から提供されるプロセス，製品及びサービスの管理”の“8.4.1 一般”

4) ライフサイクルの視点に従って，次を行う．

a) 製品又はサービスの設計・開発において，環境配慮設計手順やデザインレビューでの環境配慮をレビューする．詳細なプロセスは，ISO 9001:2015 の“8.3 製品及びサービスの設計・開発”に含める．

b) 製品又はサービスの調達に関する環境上の要求事項を決定し，外部提供者に対して，関連する環境情報を伝達する．

本プロセスの詳細は，ISO 9001:2015 の“8.4.3 外部提供者に対する情報”に含む．

c) 製品及びサービスの輸送又は配送，使用，使用後の処理及び最終処分における著しい環境側面に関する情報を提供する必要性を都度検討し，提供すると決めた場合には，使用上の注意や廃棄時の注意をラベルや表示，使用マニュアルなどで提供する．

5) 必要な程度で文書化し，記録をとる．

運用のプロセスの文書化が本当に必要なのか否かを再検討してください．

裏紙使用を記した省資源手順書や，空調設備の温度設定を定めた省エネ手順書などがまだまだ散見されます．それらは必要なのでしょうか．

8.2（E）　緊急事態への準備及び対応　　ISO 14001:2015

（1）　ISO 9001:2015 要求事項のポイントとその意図

該当する要求事項はありません．

（2）　ISO 14001:2015 要求事項のポイントとその意図

1）　6.1.1（実質 6.1.2 も含む）で特定した緊急事態への準備及び対応のために必要なプロセスを確立し，実施し，維持する．
2）　次の事項を行う．
　a）　準備する（有害な環境影響を防止又は緩和するための処置を計画）．
　b）　緊急事態が起こった場合には，対応する．
　c）　緊急事態による結果を防止又は緩和するための処置をとる．
　d）　実行可能な場合には，計画した対応処置を定期的にテストする．
　e）　定期的に，また緊急事態の発生後又はテストの後には，プロセス及び計画した対応処置のレビューを行う．
　f）　必要に応じて，組織の管理下で働く人々を含む利害関係者に，関連する情報及び教育訓練を提供する．
3）　必要な程度の文書化を図る．

■規格の意図の解説

緊急事態については，従来の緊急時の環境側面として，例えば，重油タンクからの重油の漏洩や，未処理排水の公共用水への流出などがあります．

ISO 14001:2015 では，従来の緊急時に加えて，経営に影響を及ぼす可能性のある緊急時も含めています．それをどこまで検討に加えるか，その判断は組織に委ねています．

例えば，大地震や津波を想定した緊急事態を EMS で取り上げてもよいですし，前述した BCM や BCP で計画してもかまいません．建設業ならば，着工前に現場代理人などが近隣住民へ挨拶に出向き，良好なコミュニケーションの関係とその維持に努めますが，それでも，騒音・振動などの苦情から訴訟という緊急事態を引き起こすことも考えられます．

上記 2)の f)には，可能であれば，緊急事態の対応手順のテストに，構内常駐業者や近隣住民などの利害関係者に参加を呼びかけてくださいという意図があります．

(3) QMS・EMS の統合について

EMS の緊急事態への対応手順，例えば，大きな地震などの災害が起こった場合には，BCP の手順に従うという統合が考えられます．

(4) Q･E 統合マネジメントシステムの事例

中京圏の沿岸部のある組織では，地震と津波を緊急事態の環境側面として特定し，その対応手順を BCP の中で定めていました．

(5) マニュアル等への記述事例

ISO 14001:2015 の“6.1.2 環境側面”で決定した，経営に影響を与える緊急時も含めた緊急時の著しい環境側面を対象とする（“著しい環境側面，リスク及び機会一覧表”に特定する）．

緊急事態への準備及び対応手順を緊急事態対応手順書，若しくは BCP に定める．

管理責任者は，対応手順のテストを年 1 回計画し，その結果を○○に記録する．

なお，必要に応じて，利害関係者にテストへの参加を働きかける．

緊急事態の発生後，又はテストの後に，緊急事態対応手順書及び BCP のレビューを行う．

9　パフォーマンス評価

9.1　監視，測定，分析及び評価　　ISO 9001:2015/ISO 14001:2015

ISO 9001:2015の“9.1.1 一般”と“9.1.3 分析及び評価”には関連性があります．また，ISO 14001:2015には，9.1.3がありません．したがって，まず，ISO 9001:2015の9.1.1と9.1.3にISO 14001:2015の“9.1.1 一般”をあわせて，解説します．

9.1.1（Q）　一般

9.1.3　分析及び評価

9.1.1（E）　一般

次いで，ISO 9001:2015の“9.1.2 顧客満足”とISO 14001:2015の“9.1.2 順守評価”については，要求事項の内容が違いますので，Q・E個別にまとめて，解説します．

9.1.2（Q）　顧客満足

9.1.2（E）　順守評価

なお，9.1.1と9.1.2について，ISO 9001:2015には“(Q)”，ISO 14001:2015には“(E)”を追記して区分します．

9.1.1（Q）　一般／9.1.3　分析及び評価／9.1.1（E）　一般

（1）　ISO 9001:2015要求事項のポイントとその意図

9.1.1（Q）　一般

1）　次の事項を決める．

a）　監視及び測定が必要な対象

b）　監視，測定，分析及び評価の方法

c）　監視及び測定の時期

d）　分析及び評価の時期

2) 品質マネジメントシステムのパフォーマンス及び有効性を評価する.

3) この結果を記録する.

■規格の意図の解説

ここでは，次を要求しています.

・監視，測定，分析及び評価の対象を決める.

・それらをいつ実施するかを決める.

・QMS のパフォーマンス及び有効性を評価する.

・それらの結果を記録する.

何を対象項目として評価などを実施するかを決めるのは組織です．個別の対象項目を指定することもありますが，概念的な要求事項の面をもちます．具体的な監視・測定・分析・評価の対象項目は，このあとの“9.1.3 分析及び評価”の a)～g)を要求しています．それ以外の項目も評価などの対象とすることは組織の自由裁量です.

9.1.3 分析及び評価

ここでは，分析及び評価の，より具体的な対象（例：製品及びサービスの適合）が特定されています.

したがって，“9.1.1 一般”と関連させて，仕組みを構築したほうが，より現実的です．要求事項は次のとおりです.

1) 監視及び測定からのデータ及び情報を分析し，評価する.

2) 分析の結果を次の事項の評価に活用する.

a) 製品及びサービスの適合

b) 顧客満足度

c) 品質マネジメントシステムのパフォーマンス及び有効性

d) 計画が効果的に実施されたかどうか

e) リスク及び機会への取組みの有効性

f)　外部提供者のパフォーマンス

g)　品質マネジメントシステムの改善の必要性

■規格の意図の解説

少なくとも上記2)のa)～g)を評価することを要求しています.

ISO 9001:2015の“9.1.1 一般”と関連させて，いつ，どのようにして監視，測定を行うのか，また，いつ，どのようにして分析及び評価を行うのかを決めて，実施することになります.

対象項目は, ISO 9001:2008の8.4（データの分析）がもとになっています.

d)は，ISO 9001:2008の8.2.3（プロセスの監視及び測定）の内容です.

自分の仕事（プロセス）がうまくいっているか否かをどのように監視及び測定するのかを要求しています.

e)は，ISO 9001:2015のキーワードである“リスク及び機会”の要求事項です.

(2)　ISO 14001:2015 要求事項のポイントとその意図

9.1.1（E）　一般

1)　環境パフォーマンスを監視，測定，分析及び評価する.

2)　次の事項を決定する.

a)　監視及び測定が必要な対象

b)　監視，測定，分析及び評価の方法

c)　環境パフォーマンスを評価するための基準及び適切な指標

d)　監視及び測定の時期

e)　分析及び評価の時期

3)　校正された又は検証された監視機器及び測定機器を使用し，維持する.

4)　環境パフォーマンス及び環境マネジメントシステムの有効性を評価す

る．
5) コミュニケーションプロセスで特定したとおりに，かつ，順守義務の要求事項に従って，関連する環境パフォーマンス情報について，コミュニケーションを行う．
6) 監視，測定，分析及び評価の記録をとる．

■規格の意図の解説

まず，“監視測定の対象とその方法を明確にする”ことを要求しています．監視測定の対象は“環境パフォーマンス”とありますが，具体的には，“著しい環境側面，順守義務，プロセス，環境目標に関するパフォーマンス”が考えられます．

“著しい環境側面”として，電気の使用を特定した場合，次のような例が考えられます．

a) 監視及び測定が必要な対象は何か
 電気使用量
b) 監視，測定，分析及び評価の方法
 電力会社の“電気使用量のお知らせ”の月次電気使用
c) 環境パフォーマンスを評価するための基準及び適切な指標
 指標：kWh/月，基準：中・長期計画の設定原単位
d) 監視及び測定の時期
 毎月
e) 分析及び評価の時期
 半期ごと

次いで，“機器の校正又は検証”については，環境関連の対象監視・測定機器としては，騒音計，振動計，pH 計などがあります．

管理対象の監視・測定機器の校正又は検証の手順・基準は，ISO 9001:2015 の“7.1.5 監視及び測定のための資源”への統合が望ましいでしょう．

“環境パフォーマンス及び EMS の有効性の評価”については，具体的には，

“6.1.4 取組みの計画策定”で“有効性の評価”を求めています．ここで，何らかの有効性評価の仕組みを構築し，運用します．あわせて，内部監査を通じて有効性評価を行うことになります．

“順守義務の要求事項”については，例えば，前年度の産業廃棄物のマニフェスト（産業廃棄物管理票）発行実績を毎年6月までに，都道府県知事に報告することを廃棄物処理法（“廃棄物の処理及び清掃に関する法律”）で求めています．この順守義務の要求事項に従って報告する義務があります．また，近隣住民との協定書において，何らかの報告（コミュニケーション）を約束しているのであれば，そのコミュニケーションを行う必要があります．

最後に“必要な記録をとる”ことを要求しています．

(3) QMS・EMS の統合について

① 監視・測定機器の管理は，QMS と EMS の統合が図れます．

② 2015 年改訂の特徴の一つは，経営と ISO との統合です．

この観点から，原価会議などで議論される売上げ・利益・製造原価などや生産会議で議論される生産量・在庫・納期順守率などのデータも対象と考えることができます．

(4) Q・E 統合マネジメントシステムの事例

上記(3)の①に関しては，概ね統合されています．

また，②に関しては，例えば，内部コミュニケーションツールとして，原価会議，生産会議を位置付けて，運用している組織もありました．

(5) マニュアル等への記述事例

1) 監視，測定，分析及び評価のプロセスを定める（表4）.

2) EMS の監視・測定機器の管理プロセスは ISO 9001:2015 の“7.1.5 監視及び測定のための資源”に定める．

3)　品質並びに環境パフォーマンス及びEMSの有効性は主に内部監査で評価する.

4)　環境パフォーマンス情報について，コミュニケーションを行うことは,

9.1.2 順守評価（ISO 14001:2015）

及び

7.4 コミュニケーション（ISO 14001:2015）

に定める.

表4　監視，測定，分析及び評価のプロセス

分野	対象項目	方　法	指標，基準	監視測定時期	分析評価時期	備　考
QMS	製品歩留り	合否判定表	良品率% 期計画値	月初	四半期	○○記録
	…	…	…	…	…	…
	…	…	…	…	…	…
EMS	電気使用量	電力会社の請求書確認	kWh 期計画値	月初	四半期	○○報告書
	…	…	…	…	…	…
	…	…	…	…	…	…

9.1.2（Q）　顧客満足／9.1.2（E）　順守評価

(1)　ISO 9001:2015 要求事項のポイントとその意図

9.1.2（Q）　顧客満足

1)　顧客のニーズ及び期待が満たされている程度について，顧客がどのように受け止めているかを監視する.

2)　この情報の入手，監視及びレビューの方法を決める.

■**規格の意図の解説**

顧客満足度をどのように評価するかを多くの組織が悩んでいます．

建設業の場合，官公庁による発注工事は，工事完了後に“工事成績評点”で工事内容が評価されます．役所の担当者によって，評価レベルが違うという声もよく聞きますが，この評点は，顧客満足度を評価する“ものさし”でもあります．

また，半導体メーカーなどでは，外部提供者の品質・納期・価格協力度などを点数評価し，レベルのランク付け（A, B, C）を行っているところもあります．

これらは比較的わかりやすく，管理しやすい仕組みです．

一方，一時期よく見かけた仕組みとして，“アンケート”がありました．毎年，顧客に対して，アンケート記入を依頼し，その結果を評価するものです．この方法は，アンケートの回収率が高くないこと，長年続けると顧客も惰性で記入することが多くなり，次第に組織は取り止めています．

どのような方法が組織に合っているのか，今回の規格改訂を機に，あらためて検討されるとよいでしょう．

組織の意見をいくつか紹介します．

① 売上げの維持・向上を顧客満足の維持・向上とみなす．

② 顧客訪問時に，顧客の受止め方（満足，若しくは不満）を推察し，営業日報で報告する．

③ 毎年，顧客との懇親会を設けて，顧客の意向を聴く．

(2) ISO 14001:2015 要求事項のポイントとその意図

9.1.2　順守評価

> 1) 順守評価のプロセスを確立し，実施し，維持する．
>
> 2) 次の事項を行う．
>
> a) 順守評価の頻度を決める．

b)　順守評価を行い，必要に応じて処置する．

c)　順守状況に関する知識及び理解を維持する．

3)　順守評価の結果を記録する．

■**規格の意図の解説**

順守評価，すなわち，組織が順守しなければならない要求事項を適切に順守しているか否かを評価し，その結果を記録することを要求しています．

上記 2)の c)以外は，ISO 14001:2004 から変更はありません．

組織に適用される関連法令・条例・協定書とその要求事項は，“○○法令等順守一覧表”に特定して，例えば，年 1 回か，報告が毎年 6 月までであれば，毎年 7 月に順守評価を行い，同一覧表にその結果を記入する仕組み（関連法令の特定と順守評価の様式を統一）で運用している組織が多くあります．

したがって，従来の順守評価の仕組みで問題がなければ，その仕組みをそのまま流用できます．

中小規模の組織にとって，EMS の一つの課題は環境法の力量の維持です．大企業であれば，安全環境管理室一筋の関連法令の専門家が数人います．しかしながら，事務局 1 人だけが有知識者という組織が多くありました．

関連法令の改正情報などを迅速，かつ，適正に入手し，いかに理解していくかを 2)の c)では要求しています．

直近では，フロン回収・破壊法がフロン排出抑制法に改正されときは，多くの組織が簡易点検などを理解しておらず，審査のたびに不適合を検出しました．

順守に関する知識及び理解をどのように維持するか，その仕組みの構築は今後の検討課題です．

親会社開催の社内セミナーを含めた外部のセミナーに派遣する，専門会社からの定期的な情報提供を委託するなど，担当者の力量維持と，複数人の育成も検討してみてください．

審査を通じて，法令に関する課題を検出する場合，“担当者が変更になった”“担当者が退職した”“引継ぎが十分でなかった”“引継ぎが全くなかった”などのようなことが原因で，順守に課題が生じていました．次の2件の取組みをぜひ期待します．

① 担当者の順守に関する知識及び理解の維持

② 関連法令の有知識者（複数人）の育成

(3) QMS・EMSの統合について

QMSとEMSの要求事項（顧客満足と順守評価）は全く異なるため，この要求事項に関する統合は困難を伴います．

経営システムとの関係・統合については，前述したQMSでの“工事成績評点”は，建設業にとって経営への影響は大です．評点が高ければ，優良工事で表彰され，また，次の工事の受注へとつながっていきます．逆に，労働災害などが生じて，評点が低くなった場合は，経営に大きな影響を与えてしまいます．したがって，“工事成績評点”は幹部会などで報告され，審議され，次の工事に反映されます．

このような顧客満足度の評価，レビューなどを既存の経営システムで行っている場合は，経営システムとの統合が可能です．

(4) Q・E統合マネジメントシステムの事例

上記の顧客満足度の評価，レビューなどを既存の経営システム（幹部会など）で行っていることをQMSの仕組みに取り込んでいる組織もありました．

品質・納期・価格協力度などを点数評価し，レベルのランク付け（A, B, C）を顧客が行っているケースにおいては，その結果とレビューを品質会議でフォローしている組織もありました．

(5)　マニュアル等への記述事例

1)　【顧客満足】(建設業のケース)
　a)　“工事成績評点”で顧客満足度を評価する.
　b)　上記の顧客満足度の評価，レビューなどを幹部会でフォローする.
2)　【順守評価】
　a)　“○○法令等順守一覧表”に特定した頻度に従って順守評価を行う.
　　その結果を同一覧表に記録する.
　b)　順守逸脱の場合，不適合とし，“10.2 不適合及び是正処置”で処置する.
　c)　管理責任者は次の事項を計画し，実行する.
　　①　担当者の順守に関する知識及び理解の維持
　　②　関連法令の有知識者（複数人）の育成

9.2　内部監査　ISO 9001:2015/ISO 14001:2015

ISO 9001:2015 では，9.2 は“9.2.1”と“9.2.2”の二つに分かれ，ISO 14001:2015 では，“9.2.1 一般”と“9.2.2 内部監査プログラム”に分かれています．なお，ISO 9001:2015 の 9.2.1 と 9.2.2 に表題はありませんが，ISO 14001:2015 と同じ主旨です.

この内部監査プロセスは，9.2.1 と 9.2.2 をあわせて Q･E 統合します.

(1)　ISO 9001:2015 要求事項のポイントとその意図

1)　あらかじめ定めた間隔で内部監査を実施する.
　a)　次の事項を内部監査で監査する.
　　①　組織が決めた品質マネジメントシステムに対して適合している

か．
② 規格の要求事項に対して適合しているか．
b) 有効に実施され，維持されているか．
2) 次の事項を行う．
a) 監査プログラム（頻度，方法，責任，計画要求事項，報告を含む）を計画し，実施し，維持する．監査プログラムには，プロセスの重要性，組織に影響を及ぼす変更，及び前回までの監査の結果を考慮に入れる．
b) 監査基準及び監査範囲を決める．
c) 客観性及び公平性を確保するために，監査員を選定する．
d) 監査の結果を管理層に報告する．
e) 遅滞なく，適切な修正を行い，是正処置をとる．
f) 内部監査結果の記録をとる．

■規格の意図の解説

上記1)の“あらかじめ定めた間隔”については，多くの組織では年1回ですが，中には，年に2回実施している組織もあります．

1)のa)では，内部監査で何を監査するのか，その要求事項が定められています．

まず，②から説明します．

②は，“組織が構築したQMSは，規格（ISO 9001:2015）の要求事項に合っているかを確認すること”です．

例えば，規格は必要な力量の明確化，その力量の確保などを要求しています．力量の明確化，その力量を確保するプロセスが構築されていれば適合です．

次いで，①は“組織が構築したQMSのとおりに，実行しているかを確認すること”です．

例えば，必要な力量及び力量評価結果を“力量一覧表”にまとめるというプロセスを定めているのであれば，力量一覧表を策定し，運用している実態が確認できれば適合です．

1)のb)は，“そのプロセスが役に立っているか，成果を出しているか”，その有効性の観点から監査します．

例えば，“力量一覧表にOJTの有効性を記録する欄を設けると，さらに有効活用が期待できます”などの提案につながっていきます．

内部監査を継続実施していくうえで，移行当初は，QMS構築が十分でなく，1)のa)の②の観点が重視された内部監査となります．

次第にQMSが定着してくると，①が主たる内部監査となります．いま，内部監査で実施されている“決めたとおりに実施しているか”という観点です．

あわせて，大事なことが1)のb)の“有効性”です．これは適合ですが，“こうしたほうがさらによくなるのではないか”という提案です．3ム（ムリ，ムダ，ムラ）の検出と改善提案という，ありがたい検出課題です．有効性の観点からの課題が多く検出されることが，QMSの継続的改善につながっていきます．

2)のa)～f)は，内部監査プロセス構築にあたっての要求事項です．

ISO 9001:2008とほぼ同様の要求事項です．既存の仕組みに特に問題がなければそのまま流用できます．

以下，規格の解説から離れて，ISO 9001:2015の内部監査をどのように進めていくかを考察します．

①　経営層への内部監査の実施

4.1　組織及びその状況の理解

4.2　利害関係者のニーズ及び期待の理解

5.1　リーダーシップ及びコミットメント／5.1.1　一般

6.1　リスク及び機会への取組み

9.3　マネジメントレビュー

少なくとも，上記は，経営層に関与する要求事項だと認識しています．

そうであれば，経営層の内部監査は必要ではないでしょうか．

経営層の内部監査を実施するのであれば，内部監査員はある程度の経営的な知識を有することが必須となります．経営的な力量がないと，組織の外部及び内部の課題や組織のリスクに関して意見交換はできません．また，有効性の課題も出てこないでしょう．

② プロセスの監査

前述のとおり，ISO 9001:2008 では，“…の手順を確立し，実施し，維持すること”という要求事項が多くありました．

ISO 9001:2015 では，“手順”から“プロセス”に置き換わっています．“…必要なプロセスを確立又は計画し，実施し，維持しなければならない”という要求事項です．

プロセスを内部監査するということは，例えば，精密加工というプロセスを考えると，“必要なインプット（原材料，図面ほか）は何か”“精密加工に必要な加工機は何か”“それをどのように管理すればよいか”“必要なユーティリティは何か”“作業員に必要な力量は何か”“加工手順・基準は何か”“その精密加工がうまくいっているか否かは何をもって監視しているのか”“アウトプットは何か，それは適切か”，さらに“そのアウトプットは次のプロセスのインプットとしてつながっているのか”という視点で内部監査をすることになります．

③ 現場監査の重視

監査では，互いに椅子に座り，文書や記録を中心に監査するというイメージがいまだに残っています．製造であれ，サービス提供であれ，その現場での監査も大いに重要でしょう．

現場を見て，課題を検出できる力量が内部監査員に求められます．安全・環境を含めた現場パトロールが実施されています．この現場パトロールも内部監査の一部として位置付けてもよいでしょう．

(2) ISO 14001:2015 要求事項のポイントとその意図

1) あらかじめ定めた間隔で内部監査を実施する.
  a) 次の事項を内部監査で監査する.
    ① 組織が決めた環境マネジメントシステムに対して適合しているか.
    ② 規格の要求事項に対して適合しているか.
  b) 有効に実施され，維持されているか.
2) 監査プログラム（頻度，方法，責任，計画要求事項，報告を含む）を計画し，実施し，維持する.
3) 監査プログラムには，関連するプロセスの環境上の重要性，組織に影響を及ぼす変更，及び前回までの監査の結果を考慮に入れる.
4) 次の事項を行う.
  a) 監査基準及び監査範囲を決める.
  b) 客観性及び公平性を確保するために，監査員を選定し，監査する.
  c) 監査の結果を管理層に報告する.
5) 内部監査結果の記録をとる.

■規格の意図の解説

ISO 9001:2015 とほぼ同様の要求事項です．上記(1)の規格の解説を参照してください.

規格の解説から離れて，EMS の内部監査をどのように進めていくかを考察します.

① 経営層への内部監査の実施

QMS と同様です.

② プロセスの監査

QMS と同様に，“手順”から“プロセス”に置き換わっています.

“…必要なプロセスを確立又は計画し，実施し，維持しなければならない”という要求事項です．

したがって，排水処理設備を内部監査する場合には，“インプット（排水の条件），必要な設備は何か”“それをどのように管理すればよいか”“作業員に必要な力量（資格含む）は何か”“管理手順・基準は何か”“その排水処理がうまくいっているか否かは何をもって監視しているのか”“アウトプット（処理水）は適切か”，さらに“そのアウトプットは法令の規制値（自主管理値を含む）を順守しているのか”という視点で内部監査をすることになります．

③　現場監査と法令順守の重視

現場における著しい環境側面の運用管理，緊急事態への準備及び対応手順や備品の準備状況確認，関連法令の順守状況を確認します．例えば，産業廃棄物や危険物の保管状況は関連法令（廃棄物処理法や消防法）を順守しているかを監査します．したがって，内部監査員は，関連法令の知識・理解を有する力量も必要となります．

(3)　QMS・EMS の統合について

QMS と EMS の内部監査プロセスの統合は，特に問題なく，可能です．

内部監査チェックリストは第3章で説明します．

QMS が得意な内部監査員，EMS が得意な内部監査員がいます．監査チームを構成する際には，その点を配慮した構成が望まれます．

多くの組織においては，環境法・環境技術の知識を有する内部監査員が圧倒的に少なく，QMS に偏ったチーム編成となり，課題も QMS に偏ったケースが散見されます．

経営システムとの関係・統合では，経営層への内部監査がそれに該当します．

(4)　Q・E 統合マネジメントシステムの事例

QMS と EMS の内部監査プロセスの統合は多くの組織が実施中です.

従来の安全・環境パトロールを安全・品質・環境パトロールとし，内部監査の一部であるという位置付けで運用している組織もあります.

経営層への内部監査を実施している組織は，多くありません.

(5)　マニュアル等への記述事例

1)　次を内部監査で監査する.

a)　被監査部門（人）は，Q・E 統合マネジメントシステムに定めたとおりに実施しているか.

b)　Q・E 統合マネジメントシステムは，ISO 9001:2015 と ISO 14001:2015 の要求事項に対して，適合しているか.

c)　活動及び運用にムリ・ムダ・ムラはないか. 成果をあげているか.

2)　年度末（3 月）に内部監査を実施する.

毎月実施する安全・品質・環境パトロールも内部監査の一部とする.

3)　管理責任者は次を行う. 詳細は○○内部監査規定に定める.

a)　監査プログラム（頻度，方法，責任，計画要求事項，報告を含む）を計画し，実施し，維持する. 監査プログラムには，プロセスの重要性，組織に影響を及ぼす変更，及び前回までの監査の結果を考慮に入れる.

b)　監査基準及び監査範囲を決める.

c)　客観性及び公平性を確保するために，監査員を選定する.

d)　監査の結果を管理層に報告する.

e)　遅滞なく，適切な修正を行い，是正処置をとる.

f)　内部監査結果の記録をとる.

9.3　マネジメントレビュー　ISO 9001:2015/ISO 14001:2015

9.3には，ISO 9001:2015では，“9.3.1 一般”と“9.3.2 マネジメントレビューへのインプット”，“9.3.3 マネジメントレビューからのアウトプット”の三つの箇条があります．ISO 14001:2015は，“9.3 マネジメントレビュー”のみですが，その要求事項は，ほぼISO 9001:2015と同様です．

“9.3 マネジメントレビュー”として，Q・Eを統合します．

(1)　ISO 9001:2015 要求事項のポイントとその意図

1)　トップマネジメントは，あらかじめ定めた間隔で，品質マネジメントシステムをレビューする．

2)　マネジメントレビューへのインプットとして，次の事項を考慮して，計画し，実施する．

a)　前回までのマネジメントレビューの結果とった処置の状況

b)　品質マネジメントシステムに関連する外部及び内部の課題の変化

c)　次に示す傾向を含めた，品質マネジメントシステムのパフォーマンス及び有効性に関する情報

①　顧客満足及び密接に関連する利害関係者からのフィードバック

②　品質目標の達成状況

③　プロセスのパフォーマンス，並びに製品及びサービスの適合

④　不適合及び是正処置

⑤　監視及び測定の結果

⑥　監査結果

⑦　外部提供者のパフォーマンス

d)　資源の妥当性

e)　リスク及び機会への取組みの有効性

f)　改善の機会

3) マネジメントレビューからのアウトプットには，次の事項に関する決定及び処置を含む．
 a) 改善の機会
 b) 品質マネジメントシステムのあらゆる変更の必要性
 c) 資源の必要性
4) マネジメントレビューの結果を記録する．

■規格の意図の解説

ISO 9001:2008 に比べて，インプット項目が多くなりました．上記 2)の“マネジメントレビューへのインプットとして，次の事項を考慮して…”と要求しているので，考慮し，検討した結果，いくつかの項目は，インプットから外すという選択肢も考えられますが，トップマネジメントへの情報提供であり，それらを受けて，トップマネジメントの強いリーダーシップが期待されていることから，原則としてすべての情報を提供するのが管理責任者の役割だと考えます．

いくつかの組織から“インプット項目が多く，情報のまとめに多くの工数を要する．何とかならないだろうか”という相談を受けました．

従来どおり，年に 1 回，年度末の“マネジメントレビュー開催”ということであれば，これだけのインプット情報を集計し，分析し，評価し，報告するのは確かに手間のかかることです．

例えば，毎月の経営会議（幹部会）では，少なくとも上記 2)のうちの次の項目を報告し，審議し，決定し，フォローしていることでしょう．

 b) QMS に関連する外部及び内部の課題の変化
 c) 次に示す傾向を含めた，QMS のパフォーマンス及び有効性に関する情報
  ① 顧客満足及び密接に関連する利害関係者からのフィードバック
 d) 資源の妥当性
 e) リスク及び機会への取組みの有効性

f)　改善の機会

経営システム（毎月の経営会議，幹部会など）で報告・審議される項目と年1回まとめて報告・審議される項目とに分けて，マネジメントレビューを行うことも一策です.

(2)　ISO 14001:2015 要求事項のポイントとその意図

1)　トップマネジメントは，あらかじめ定めた間隔で，環境マネジメントシステムをレビューする.

2)　マネジメントレビューへのインプットとして，次の事項を考慮する.

a)　前回までのマネジメントレビューの結果とった処置の状況

b)　次の事項の変化

①　環境マネジメントシステムに関連する外部及び内部の課題

②　順守義務を含む，利害関係者のニーズ及び期待

③　著しい環境側面

④　リスク及び機会

c)　環境目標の達成状況

d)　次に示す傾向を含めた，環境マネジメントシステムのパフォーマンスに関する情報

①　不適合及び是正処置

②　監視及び測定の結果

③　順守評価結果

④　監査結果

e)　資源の妥当性

f)　苦情を含む，利害関係者からの関連するコミュニケーション

g)　継続的改善の機会

3)　マネジメントレビューからのアウトプットには，次の事項を含める.

・環境マネジメントシステムが，引き続き，適切，妥当かつ有効で

あることの結論
・継続的改善の機会に関する決定
・資源を含む，環境マネジメントシステムのあらゆる変更の必要性
・必要な場合には，環境目標未達への処置
・必要な場合には，他の事業プロセスへの環境マネジメントシステムの統合の機会
・戦略的な方向性に関する示唆
4)　マネジメントレビューの結果を記録する．

■**規格の意図の解説**

インプット項目及びアウトプット項目にいくつかの差異はありますが，ISO 9001:2015 とほぼ同様の要求事項です．上記(1)を参照してください．

(3)　QMS・EMS の統合について

QMS と EMS のマネジメントレビューは，次の二つの仕組みで運用する方法もあります．

① いくつかのインプット項目は，経営システム（経営会議，幹部会など）の中で，報告・審議・決定・フォローされる．
② 上記①以外のインプット項目は，年度末のマネジメントレビューで報告・審議・決定・フォローされる．

(4)　Q･E 統合マネジメントシステムの事例

前述と同様に，毎月と年 1 回のマネジメントレビューを実施している組織はかなりありました．

ただし，運用実態として注意を要するのは，経営層が EMS にあまり関心がない場合があるということです．QMS は仕事そのものです．したがって，経営層は興味もあり，熱心に指示もします．

一方，EMS は“管理責任者，よきに計らえ”という姿勢の経営層が相応に

見られます．“経営に影響を及ぼす環境面からの外部及び内部の課題”“それらを考慮したリスク及び機会”“それらに対する取組み”など，その重要性をうまく経営層にアピールすることも肝要です．

(5)　マニュアル等への記述事例

1)　トップマネジメントは，あらかじめ定めた間隔で，QMS 及び EMS をレビューする．
・項目 A は，毎月 1 回の経営会議で報告・審議・決定・フォローし，その結果を経営会議議事録に記録する．
・項目 B は年度末のマネジメントレビューで報告・審議・決定・フォローし，その結果をマネジメントレビュー議事録に記録する．

2)　マネジメントレビューへのインプットは，次の事項を考慮する．

【項目 A】

a)　QMS 及び EMS に関連する外部及び内部の課題の変化
b)　次に示す傾向を含めた，QMS のパフォーマンス及び有効性に関する情報
顧客満足及び密接に関連する利害関係者からのフィードバック
c)　資源の妥当性（QMS・EMS）
d)　リスク及び機会への取組みの有効性（QMS）
e)　改善の機会（QMS・EMS）
f)　次の事項の変化（EMS）
①　順守義務を含む，利害関係者のニーズ及び期待
②　リスク及び機会

【項目 B】

a)　前回までのマネジメントレビューの結果とった処置の状況（QMS・EMS）
b)　次に示す傾向を含めた，パフォーマンス及び有効性に関する情報

①　目標の達成状況（QMS・EMS）
②　プロセスのパフォーマンス，並びに製品及びサービスの適合（QMS）
③　不適合及び是正処置（QMS・EMS）
④　監視及び測定の結果（QMS・EMS）
⑤　監査結果（QMS・EMS）
⑥　外部提供者のパフォーマンス（QMS）
⑦　順守評価結果（EMS）

c）　次の事項の変化（EMS）
著しい環境側面

d）　苦情を含む，利害関係者からのコミュニケーション（EMS）

3）　マネジメントレビューからのアウトプットには，次の事項を含める．

a）　EMS が引き続き，適切，妥当かつ有効であることの結論（EMS）
b）　継続的改善の機会に関する決定（QMS・EMS）
c）　資源を含む，EMS のあらゆる変更の必要性（QMS・EMS）
d）　必要な場合には，環境目標未達への処置（EMS）
e）　必要な場合には，他の事業プロセスへの EMS の統合の機会（EMS）
f）　戦略的な方向性に関する示唆（EMS）

10　改善

10.1　一般

ISO 9001:2015/ISO 14001:2015

(1)　ISO 9001:2015 要求事項のポイントとその意図

顧客要求事項を満たし，顧客満足を向上させるために，改善の機会を明確にし，選択し，必要な取組みを実施する．これには次の事項を含める．

a)　製品及びサービスの改善

b)　望ましくない影響の修正，防止又は低減

c)　品質マネジメントシステムのパフォーマンス及び有効性の改善

■規格の意図の解説

具体的な要求事項ではなく，概念全般を扱う要求事項です．

この要求事項の注記には，“革新及び組織再編が含まれ得る”とあります．改善の機会を明確にし，選択・実施することは，革新もあれば，組織再編や各種会議体で議論・決定することもあります．

(2)　ISO 14001:2015 要求事項のポイントとその意図

環境マネジメントシステムの意図した成果を達成するために，改善の機会を決定し，取り組む．

■規格の意図の解説

EMS の意図した成果として，次の三つがあげられます．

①　環境パフォーマンスの向上

②　順守義務を満たすこと

③　環境目標の達成

そのために，改善の機会を決定し，取り組むことを要求しています．

QMS と同様に，概念全般を扱う要求事項です．

(3)　QMS・EMS の統合について

概念全般を扱う要求事項であり，経営システムとの関係・統合は，直接はありません．

(4)　Q･E 統合マネジメントシステムの事例

上述した理由から，事例はありません．

(5)　マニュアル等への記述事例

1)　QMS の改善

顧客要求事項を満たし，顧客満足を向上させるために，改善の機会を明確にし，選択し，必要な取組みを実施する．これには次の事項を含める．

a)　製品及びサービスの改善

b)　望ましくない影響の修正，防止又は低減

c)　QMS のパフォーマンス及び有効性の改善

2)　EMS の改善

EMS の意図した結果を達成するために，改善の機会を決定し，取り組む．

10.2　不適合及び是正処置　ISO 9001:2015/ISO 14001:2015

ISO 9001:2015 の 10.2 は，“10.2.1” と “10.2.2” に分かれています．ISO 14001:2015 は “10.2 不適合及び是正処置” のみです．

“10.2 不適合及び是正処置” として，Q と E を統合します．

(1)　ISO 9001:2015 要求事項のポイントとその意図

1)　苦情を含め，不適合が発生した場合，次の事項を行う．
　a)　該当する場合には，必ず次の事項を行う．
　　①　その不適合を管理し，修正処置をとる．
　　②　その不適合によって起こった結果に対処する．
　b)　水平展開を含め，不適合の再発防止（是正処置）の必要性を次の事項によって評価する．
　　①　その不適合をレビューし，分析する．
　　②　その不適合の原因を明確にする．
　　③　類似の不適合の有無，又はそれが発生する可能性を明確にする．
　c)　（是正処置が必要と評価したら）必要な是正処置をとる．
　d)　是正処置の有効性を評価する．
　e)　必要な場合には，リスク及び機会を更新する．
　f)　必要な場合には，品質マネジメントシステムの変更を行う．
2)　是正処置は不適合のもつ影響に応じたものとする．
3)　次の記録をとる．
　a)　不適合の性質ととったあらゆる処置
　b)　是正処置の結果

■規格の意図の解説

“不適合”とは何を指すのでしょうか．不適合の定義は，ISO 9000:2015 の“3.6.9 不適合”に“要求事項を満たしていないこと”とあります．

製品及びサービスに関する不適合は，“8.7 不適合なアウトプットの管理”で扱っています．したがって，アウトプット（製品及びサービス）以外の苦情，プロセス，QMS の不適合が対象となります．

苦情に加えて，各種プロセス，例えば，“設計・開発のアウトプットが要求事項を満たしていない”“QMS で定めたプロセスどおりに実施していない”

などが不適合に該当します．内部監査で検出される不適合もあれば，自主チェックなどで検出される不適合もあります．

少なくとも，苦情の修正・是正処置はこの“10.2 不適合及び是正処置”で扱います．その他の不適合，例えば，内部監査で検出した不適合はどの箇条で対応するかを決める必要があります．

上記(1)のa)は，修正処置を求めています．修正処置と是正処置の違いを火災を例にして説明します．なお，ここでは火災の発生を不適合とします．

“修正処置”は，初期消火です．まず火を消す必要があります．

次に，なぜ火災が起こったのか，たばこの不始末か，たばこの不始末であれば，なぜ出火につながったのか，原因を追究して，その原因を除去し，再発防止を図ることが“是正処置”です．

b)は，是正処置の必要性の評価を求めています．不適合の内容や程度によっては，修正処置で了という案件もあります．是正処置が必要と評価した場合には，c)以降につながります．

d)の是正処置の有効性の評価については，是正処置が有効（役に立った）であるということは，再発がないということです．したがって，有効性の評価には相応に時間を要します．

e)は，“6.1 リスク及び機会への取組み”で特定したリスク及び機会の変更があれば，更新することを要求しています．

2)は，不適合の内容に応じたバランスのよい是正処置，すなわち，過剰でないこと，逆に不十分な是正処置でないことを要求しています．

(2) ISO 14001:2015 要求事項のポイントとその意図

1) 不適合が発生した場合には，次の事項を行う．

a) 該当する場合には，必ず次の事項を行う．

① その不適合を管理し，修正処置をとる．

② 有害な環境影響の緩和を含め，その不適合によって起こった結果

に対処する.

b)　水平展開を含め，不適合の再発防止（是正処置）の必要性を次の事項によって評価する.

①　その不適合をレビューする.

②　その不適合の原因を明確にする.

③　類似の不適合の有無，又はそれが発生する可能性を明確にする.

c)　（是正処置が必要と評価したら）必要な是正処置を実施する.

d)　是正処置の有効性をレビューする.

e)　必要な場合には，環境マネジメントシステムの変更を行う.

2)　是正処置は，不適合のもつ影響に応じたものとする.

3)　次の記録をとる.

・不適合の性質ととったあらゆる処置

・是正処置の結果

■規格の意図の解説

上記(1)（ISO 9001 の要求事項のポイント）の 1)の“e）必要な場合には，リスク及び機会を更新する”は，ここにはありません．それを除けば，ほぼ ISO 9001:2015 と同様の要求事項です.

“EMS の不適合”とは何が該当するのでしょうか．組織による不適合の定義付けには，次の項目をあげていました.

①　“規格要求事項（ISO 14001:2015）や，組織が定めた EMS の要求事項を満たしていない.”

　これは，内部監査で是正処置を行う仕組みとされていました.

②　関連法令・条例・その他の要求事項・自主基準値の順守逸脱

③　利害関係者からの苦情（例：近隣住民からの騒音・悪臭苦情）

④　環境目標の大幅な未達

上記①～④がよく定義付けされている不適合ですが，何を EMS の不適合として定義付けるかは，組織が決めることです.

(3) QMS・EMSの統合について

何を不適合と定義付けるかによりますが，前述のような不適合であれば，経営システムとの関係・統合は直接には関係ないと評価します．

(4) Q･E統合マネジメントシステムの事例

前述のとおり，経営システムとの関係・統合は直接には関係ないと評価します．

(5) マニュアル等への記述事例

1) QMS及びEMSの不適合の定義を次に定める．
 a) QMSの不適合
  ・苦情
  ・不適合なアウトプット（製品及びサービス）の処置は“8.7 不適合なアウトプットの管理”で処置する．
  ・要求規格及びQMSへの不適合は，“9.2 内部監査”で処置を行う．
 b) EMSの不適合
  ・関連法令・条例・その他の要求事項・自主基準値の順守逸脱
  ・利害関係者からの苦情（例：近隣住民からの騒音・悪臭苦情）
  ・環境目標の大幅な未達
  ・要求規格及びEMSへの不適合は，“9.2 内部監査”で処置を行う．
 c) 内部監査で検出した不適合は，“9.2 内部監査”で処置を行う．
2) 不適合が発生した場合には，次の事項を行う．
 a) 該当する場合には，必ず次の事項を行う．
  ① その不適合を管理し，修正処置を行う．
  ② その不適合によって起こった結果に対処する．
 b) 水平展開を含め，不適合の再発防止（是正処置）の必要性を次の事項によって評価する．

① その不適合をレビューし，分析する．
② その不適合の原因を明確にする．
③ 類似の不適合の有無，又はそれが発生する可能性を明確にする．

c) （是正処置が必要と評価したら）必要な是正処置を実施する．
d) 是正処置の有効性を評価する．
e) 必要な場合には，リスク及び機会を更新する．
f) 必要な場合には，QMS 及び EMS の変更を行う．
g) 是正処置は不適合のもつ影響に応じたものとする．
h) 次の記録をとる．

① 不適合の性質ととったあらゆる処置
② 是正処置の結果

10.3　継続的改善　　ISO 9001:2015/ISO 14001:2015

（1） ISO 9001:2015 要求事項のポイントとその意図

1) 品質マネジメントシステムの適切性，妥当性，有効性を継続的に改善する．
2) 継続的改善に取り組む必要性又は機会の有無を明確にするため，分析及び評価の結果並びにマネジメントレビューからのアウトプットを検討する．

■**規格の意図の解説**

“9.1.3 分析及び評価”の結果や，“9.3.3 マネジメントレビューからのアウトプット”をもとに，必要に応じて継続的な改善に取り組むことを要求しています．

(2)　ISO 14001:2015 要求事項のポイントとその意図

環境パフォーマンスを向上させるために，環境マネジメントシステムの適切性，妥当性及び有効性を継続的に改善する．

■規格の意図の解説

直接的な継続的改善の対象はEMSです．目的は環境パフォーマンスの向上です．継続的改善の機会として，ISO 14001:2015では次の項目があげられます．

6.1：リスク及び機会への取組み
6.2：環境目標の設定
8.1：運用管理の強化
9.1：パフォーマンスの分析及び評価
9.2：内部監査の指摘
9.3：マネジメントレビューの指示
10.2：不適合の検出及び是正処置の実施

(3)　QMS・EMSの統合について

この要求事項を受けて，経営システムとの直接の関連はありません．

(4)　Q･E統合マネジメントシステムの事例

上述の理由から，事例はありません．

(5)　マニュアル等への記述事例

1)　QMSの継続的改善

“9.1.3 分析及び評価”の結果や，“9.3.3 マネジメントレビューからのアウトプット”をもとに，必要に応じて継続的な改善に取り組む．

2)　EMS の継続的改善

環境パフォーマンスを向上させるために，EMS の適切性，妥当性及び有効性を継続的に改善する．

第3章　統合マネジメントシステムの維持・改善 ――内部監査

3.1　内部監査の活用

マネジメントシステムの継続的改善には，内部監査プロセスが大きく寄与していると強く認識しています．

自分たちの仕事（プロセス）は自分たちがよくわかっています．第三者の立場の審査員が審査に来ても，数日では，なかなか本質までは見抜けません．

“内部監査プロセスだけを審査すればよい”と広言している審査員もいます．これまでの経験から，内部監査をうまく活用している組織は，概ねマネジメントの力量が高いことがうかがえます．

さて，どのような内部監査がマネジメントシステムの継続的改善に寄与するのでしょうか．

QMS・EMSの構築後，年月を経た組織の内部監査プロセスを審査すると，検出課題が少なくなる傾向にあります．年月を経て，改善が進み，QMS・EMSの課題が次第になくなってきているのでしょうか．必ずしもそうとは思えません．

すばらしい仕組みも，経時変化で次第に形骸化します．何らかの刺激が必要となります．

これまでの審査の中で，内部監査をうまく活用していた事例を紹介します．

(1)　内部監査プロセスの反省会を開催

内部監査が終了し，検出課題の是正処置完了確認後に，管理責任者と事務局とすべての内部監査員が一堂に会し，反省会を開催していました．反省会での議題は，

・内部監査の目的は達したか.

・検出した課題は適切又は有効であったか.

・是正処置は適切であったか.

・次回の内部監査をどのように実施するか.

などです.

形式的な会合ではなく，ある意味，自由討議の場です．内部監査員は，他の内部監査員がどのような課題を検出したのかをこの討議を通じて知り，理解します．良い点・悪い点を含めて，参考になります.

こういった会合は，内部監査員にとって勉強の場でもあります.

(2) 是正処置に関して事務局の強い姿勢

不適合が検出されると，被監査部門から原因追究と是正処置の結果を記した是正処置報告書が事務局に提出されます.

内容に不備があると，事務局は，被監査部門と是正処置を確認した内部監査員に対して差し戻します.

例えば，“○○教育訓練を実施する”という仕組みに対して，実施していなかったという不適合の場合，

原因：ついうっかり忘れていた.
処置：○年○月○日に，○○教育訓練を実施し，○○記録に残した.

このような内容の是正処置報告書が提出されると間違いなく，差し戻しとなります.

・まず，“○○教育訓練”は必要な教育という認識なのか.

・必要という認識であれば，なぜ忘れたのか.

ここからなぜ，なぜ，なぜ…を可能な限り続けて，真の原因を特定し，その原因を除去する処置を行うまで受理しません．正直なところ，事務局は社内で嫌われます．しかし，それくらいの強い姿勢がないと，不適合の再発防止や継

続的改善を果たすことはできないことがわかっているのです.

3.2　内部監査の進め方

(1)　2015 年版にこだわらずに進めてほしい内部監査

第 2 章の“9.2 内部監査”での解説（134 ページ）と一部重複しますが, 2015 年版にこだわらずに, ぜひ進めてほしい内部監査プロセスを次に述べます.

(a)　現場監査の重視

“9.2 内部監査”で解説したとおり, ぜひ現場監査を重視してください.

ドラマの台詞ではありませんが,“問題は会議室だけで起こっているのではありません. 現場で起こっています”.

(b)　内部監査とパトロール

QMS と EMS の統合内部監査だけでなく, 安全も含めた現場パトロールが実施されているのであれば, 現場パトロールも内部監査の一部として位置付けて, 安全・品質・環境パトロールの実施も提案します.

(c)　クロス監査

マルチサイトの場合, ぜひ互いの事業所のクロス監査を勧めます. 経費が相応に発生しますが, 他の事業所の実態を確認・把握することができ, 内部監査員の力量の向上に大きく寄与できます.

(d)　内部監査チームの構成

第三者審査機関の審査は 1 人で行うことも珍しくありませんが, 内部監査の場合は監査チームを構成します. その際, 次のことを考慮して, チーム編成を行ってください.

① QMS が得意な内部監査員, EMS が得意な内部監査員がいます. 監査チームを構成する際には, この点を配慮した構成が望まれます.

　おそらく, 多くの組織にとって, 環境関連法令や環境技術の知識を有する内部監査員は少ないのではないでしょうか.

② 被監査部門と議論ができ，“光る課題”を検出できる内部監査員はそれほど多くはないでしょう．また，内部監査を通じて，人材育成を考えている組織もあります．力量の高い内部監査員，育成対象の内部監査員をうまくチームとして構成してください．

(2) 2015年版に基づく内部監査の進め方

(a) 経営層への内部監査

“9.2 内部監査”で解説したとおり，次に示す要求事項は，主に経営層に確認する内容です．したがって，次の要求事項に基づいて，経営層を内部監査することを勧めます．なお，5.1と6.1は監査の流れを考慮しています．

4.1　組織及びその状況の理解

4.2　利害関係者のニーズ及び期待の理解

6.1　リスク及び機会への取組み

5.1　リーダーシップ及びコミットメント／5.1.1　一般

9.3　マネジメントレビュー

それでは，経営層にどのようなことを聴けばよいのでしょうか．チェックリスト事例を次の表3.1に示します．

表3.1　経営層に聴くチェックリスト事例

箇　条	確認する内容
4.1 組織及びその状況の理解	・当社にとって何が外部及び内部の課題だと認識していますか． →話を聴きながら，“その課題は品質面，環境面にこのような影響を及ぼしますね”などと意見交換しつつ，課題を整理できればベストです．
4.2 利害関係者のニーズ及び期待の理解	・自社の重要な利害関係者はどこだと認識していますか． ・そこは，自社に何を期待していますか．若しくは，具体的な要求事項はありますか． →同上です．

表 3.1　（続き）

箇　条	確認する内容
6.1 リスク及び機会への取組み	・外部及び内部の課題や利害関係者のニーズ及び期待を考慮すると，どのようなリスク，又は逆に機会があると認識されていますか． ・そのリスク及び機会に対して，どのように取り組むかをどこに，どのように指示しましたか．
5.1 リーダーシップ及びコミットメント 5.1.1 一般	・リスク及び機会への取組みの進捗はどのようになっていますか．その進捗に対して，どのような新たな指示を出していますか． ・事業プロセスと QMS・EMS の統合が経営層に求められています．今後，どのような統合を考えていますか．
9.3 マネジメントレビュー	・QMS 及び EMS の継続的改善に向けて，何を指示しましたか．

（b）　プロセスの内部監査

プロセスを監査する概念は前述のとおりです．例えば，加工課を QMS・EMS 統合内部監査を実施するという前提で，そのチェックリスト事例を次の表 3.2 に示します．なお，EMS の場合，現場確認の前に次を確認します．

- ・著しい環境側面は何か．
  それは運用への展開か，緊急事態か，目標の展開か．
- ・（必要に応じて）リスクは何か．それをどのように運用，若しくは活動しているか．
- ・関連する法令と順守すべき要求事項は何か．

上記の内容を確認のうえ，現場で運用，若しくは活動の実態を確認します．

表 3.2　加工課における QMS・EMS 統合内部監査のためのチェックリスト事例

箇　条	確認する内容
Q 8.5.1	必要なインプット（原材料，図面など）
Q 7.1.3 Q 8.5.1	加工機の管理（始業前，月次点検など） 同上

表 3.2　(続き)

箇　条	確認する内容
Q 7.1.3 E 8.1 E 8.2	必要なユーティリティ（電気，エアーなど） 著しい環境側面及び順守義務の運用管理 緊急事態への準備及び対応
E 6.1.3	順守義務
Q 7.1.4 E 6.1.3	必要な作業環境 順守義務
QE 7.2	必要な力量
Q 8.5.1 E 8.1	加工手順・基準 著しい環境側面の運用管理
Q 9.1.3 d)	プロセスの監視
Q 8.6	アウトプットの検証
Q 7.1.5	監視・測定機器の管理
Q 8.7	不適合なアウトプットの管理

備考　Q：ISO 9001:2015 に対応した箇条であることを示す．
E：ISO 14001:2015 に対応した箇条であることを示す．
QE：ISO 9001:2015 と ISO 14001:2015 に共通した箇条であることを示す．

上記の現場確認に加えて，品質・環境目標の目標管理などを内部監査で確認します．

(c)　プロセス間の内部監査

上述の(b)は，一つのプロセス，例えば，“加工プロセスにおいて，インプットは…，アウトプットは…，”という単一プロセスの内部監査でした．

プロセス間のつながりを確認するうえで，代表的な製品又はサービスを事例にとり，営業，契約，生産計画，購買手配・受入，生産指示，生産，検査，出荷，納品のプロセスのつながりを内部監査するのも一つのやり方です．

また，人材育成が重要な課題だと認識している組織では，人事部の年間計画から部門の教育訓練計画への展開をサンプリング確認し，教育訓練の仕組みのつながりの適切性・有効性を確認することも一策です．

第4章　統合マネジメントシステムの認証

4.1　統合マニュアルの作成上の留意点

第1章の1.2.1項(3)(14ページ)で述べたとおり，ISO 9001:2015とISO 14001:2015はマニュアルの作成を要求していません．

そうであっても，マニュアルを作成することで，組織内で共通の認識を得ることができるということもあって，これまで筆者がかかわった範囲では，そのすべての組織がマニュアルを作成していました．どのように，Q・E統合マニュアルを作成するかは組織の自由裁量です．

作成の方法として，次の二つを提案します．

① 規格の要求事項の構成に沿って作成する方法と，業務フローに沿ってマニュアルを作成する方法の2通りありますが，作成・見直しや共通の認識を得やすくするには，前者の要求規格の構成に沿った方法が効率的です．

② 規格の要求事項の文言にこだわることなく，組織内で通用する文言を使用してかまいません．

経営システムを含むQ・E統合マニュアルの事例は，第2章の各箇条の解説で述べています．具体的な記述事例はそちらを参照してください．

Q・E統合マニュアルの作成にあたっては，ぜひQMSやEMSの運用のしやすさを最優先に考えてください．

例えば，“6.1 リスク及び機会への取組み”の“6.1.1”の仕組みを検討する場合，QMSはEMSと違い，“取り組む必要があるリスク及び機会”の文書化は求めていません．しかしながら，Q・E統合マネジメントシステムとして運用するのであれば，EMSとそろえて，“取り組む必要があるリスク及び機会”

を文書化としたほうが運用しやすくなります．

繰り返しになりますが，2015年版は事業プロセスとの統合を要求しています．

例えば，“取り組む必要があるリスク及び機会”の特定の仕組みについては，本格的なリスクアセスメントを安易に採用するのではなく，既存の経営システムの中で，何がその仕組みに近いのか，経営会議や幹部会で議論している内容がそれに近いのであれば，その仕組みを採用することを勧めます．

“規格の要求事項の意図は何か”“その意図に合った品質活動，環境活動，経営システムは何が該当するのだろう”と考えて，要求事項の“引出し”に既存の仕組みを“収納”してみてはいかがでしょうか．

4.2　JSAの複合審査

日本規格協会（JSA）審査登録事業部では，“複合審査”を次のように定義しています．

> “複数のマネジメントシステム規格に対して，同一の審査にて，適合性（含む有効性）を確認する審査”

つまり，QMSやEMS，OHSMS（労働安全衛生マネジメントシステム），ISMS（情報セキュリティマネジメントシステム）など，複数のマネジメントシステム規格に対して，同一の審査（1回の審査）で，審査することを複合審査と呼んでいます．

一方，QMSのみ，若しくはEMSのみの単独規格を審査することを“単独審査”と呼んでいます．

複合審査では，複数のマネジメントシステムを統合することを求めているのではありません．それぞれのマネジメントシステムに対して，個別のマニュアルのままとするのか，又は統合したマニュアルとするのかについては，組織の裁量であり，審査員は，マニュアルのあり方について言及してはならないと審査要領で定めています．

したがって，Q･E 複合審査を行う場合，Q･E 統合マニュアルで審査を行うこともあれば，QMS マニュアルと EMS マニュアルの二つのマニュアルに基づいて，審査を行うこともあります．

QMS と EMS を統合した“統合マネジメントシステム”でなくても，複合審査は受審できます．

組織の状況にもよりますが，多くの場合，複合審査は単独審査に比べて，次のようなメリットがあります．

・初回会議や終了会議，経営層や管理責任者の審査時間（審査工数）が短縮できます（Q･E 個別で確認するより，Q･E 共通部分は審査時間を短縮できます．例えば，システム変更の有無，内部監査，マネジメントレビューが該当します）．

　したがって，例えば，QMS 単独で 3 人日，EMS 単独で 2 人日を要したのであれば，複合審査の場合，少なくとも 5 人日未満の審査工数となり，審査費用はいく分抑えられます．

・Q･E 複合審査であれば，QMS と EMS の両資格を有した審査員が審査を行います．そのため，品質と環境の両面から見た，バランスのよい審査が期待できます．

Q･E 統合マネジメントシステムでなくても，Q･E 複合審査は受審できます．しかしながら，QMS と EMS を統合したほうが，目標管理や運用面を含めた相乗効果が期待できます．また，Q･E 複合審査を通じて，さらなる相乗効果の提案も期待できます．そのため，QMS と EMS の単独審査から複合審査への移行が多くなってきていると実感しています．

索引・キーワード

アルファベット

BCM　109
BCP　109
claims　84
EMS の意図した結果　23, 146
EMS の不適合　150
ISO 22301　109
ISO/IEC 専門業務用指針　11
JIS Z 8301　21
JTCG　11
QMS の意図した結果　23

あ　行

意図しない変更　108
“影響を及ぼすことができる”環境側面　46

か　行

外部文書　76
環境保護　18
　──に対するコミットメント　18, 38
管理責任者　15, 39
機会　13
記録　16, 30
経営層への内部監査　158
　──の実施　135, 137
検証　92
現場監査と法令順守の重視　138
現場監査の重視　136
合同技術調整グループ　11
コミットメント　85

さ　行

サイト　28
事業継続計画　109
事業継続マネジメント　109
社会的要因　64
修正処置　149
主張　84
順守義務　26
心理的要因　64
成果　16
是正処置　149
設計・開発の難易度に応じた管理　89
“組織が管理できる”環境側面　46

た　行

妥当性確認　92
単独審査　162
知識　62
チャンス　13, 43
注記　59
適用除外　16
手順　17, 136, 137
特別採用　112

な　行

内部監査プロセス　155, 157

は　行

パフォーマンス　16
必要な程度の　77
必要な程度まで　94, 119
ヒューマンエラーの防止　104
品質目標　13
複合審査　162
附属書 SL　11
物理的要因　64
不適合　148
プロセス　17, 136, 137
　――の監査　136, 137
　――の内部監査　159
文書　16, 30
　――化した情報を維持する　16, 77
　――化した情報を保持する　16
変更管理　18

ま　行

マニュアル　15
　――の構成　15
　――の内容　15
密接に関連する利害関係者　25

や　行

要求事項の適用の除外　16
予防処置　14

ら　行

ライフサイクル　19, 46
利害関係者　25
リスク　13, 43, 91
　――管理　14
リリース　105
レビュー　92
　――，検証，妥当性確認の関連性　92

わ　行

枠組み　36

著者略歴

飛永　隆（とびなが　たかし）

1955年　長崎県生まれ
1981年　長崎大学大学院工学研究科構造工学専攻修士課程修了
同年　日本鉄塔工業株式会社入社
1984年　コマツ電子金属株式会社（現 SUMCO TECHXIV 株式会社）入社
2001年　同社退職
現　在　日本規格協会の研修講師と審査員，及びコンサルタントとして活躍中
（JRCA 登録主任審査員，CEAR 登録主任審査員，OHSMS 審査員）

ISO 9001:2015/ISO 14001:2015
統合マネジメントシステム構築ガイド

定価：本体 2,200 円(税別)

2017 年 7 月 20 日　　第 1 版第 1 刷発行

著　者　飛永　隆

発行者　揖斐　敏夫

発行所　一般財団法人　日本規格協会

〒108-0073　東京都港区三田 3 丁目 13-12　三田 MT ビル
http://www.jsa.or.jp/
振替　00160-2-195146

印刷所　株式会社平文社
製　作　有限会社カイ編集舎

ISBN978-4-542-30674-5

● 当会発行図書，海外規格のお求めは，下記をご利用ください.
販売サービスチーム：(03)4231-8550
書店販売：(03)4231-8553　注文 FAX：(03)4231-8665
JSA Webdesk：https://webdesk.jsa.or.jp/